浙江省普通高校"十三五"新形态教材

互联网平台商业模式实用教程

主　编　周欢怀
副主编　鲁　洁　王俊锜

·北京·

内 容 提 要

本书系统讲解了互联网平台商业模式的基础知识，并结合当前的发展热点，精选若干热门的互联网平台商业模式进行重点介绍，解析其运营特点，使学生深入理解互联网平台商业模式，了解未来发展趋势，掌握其基本原理和实践方法。全书共8章，内容包括互联网思维、商业模式概述、平台商业模式概述、平台商业模式的机制设计、传统电子商务商业模式、新零售、互联网金融、平台竞争。每章均配有大量案例、思考题和课外阅读等内容，启发学生进行深入思考，更好掌握知识要点。

本书可作为工商管理类学生的"电子商务概论"相关课程的教材，也可作为大专院校学生学习平台经济知识的科普读物。

图书在版编目（CIP）数据

互联网平台商业模式实用教程 / 周欢怀主编.
北京：中国水利水电出版社，2024. 7. -- ISBN 978-7-5226-2578-2

Ⅰ. F490.6

中国国家版本馆CIP数据核字第2024CG6384号

书　　名	**互联网平台商业模式实用教程** HULIANWANG PINGTAI SHANGYE MOSHI SHIYONG JIAOCHENG
作　　者	主　编　周欢怀 副主编　鲁　洁　王俊锜
出版发行	中国水利水电出版社 （北京市海淀区玉渊潭南路1号D座　100038） 网址：www.waterpub.com.cn E-mail: sales@mwr.gov.cn 电话：（010）68545888（营销中心）
经　　售	北京科水图书销售有限公司 电话：（010）68545874、63202643 全国各地新华书店和相关出版物销售网点
排　　版	中国水利水电出版社微机排版中心
印　　刷	清淞永业（天津）印刷有限公司
规　　格	184mm×260mm　16开本　9.5印张　261千字
版　　次	2024年7月第1版　2024年7月第1次印刷
印　　数	0001—2000册
定　　价	48.00元

凡购买我社图书，如有缺页、倒页、脱页的，本社营销中心负责调换

版权所有·侵权必究

前 言

在过去的20多年里,科技改变着我们生活和工作的方方面面。平台商业模式自古便已存在,但在21世纪信息技术迅猛发展的加持下,平台对物理基础设施和固定资产的依赖大大减少了,构建和扩展平台也变得更加简单和廉价(Astyne et al.,2016)。采取平台商业模式的企业对传统企业的颠覆有目共睹。2007年,手机产业的五大巨头——诺基亚、三星、摩托罗拉、索尼爱立信和LG占全球手机销量利润的90%。此时苹果公司的iPhone手机才刚刚进入市场(Astyne,Parker & Choudary,2016)。而到了2011年第一季度,苹果的iPhone手机及配件销售额已飙升至104.7亿美元,按营收计算,已超过诺基亚成为全球第一大手机厂商。此后,iPhone更是突飞猛进,昔日手机市场的霸主诺基亚、摩托罗拉等厂商的市场份额却如同自由落体般下滑。诺基亚和其他公司具有经典的传统企业的战略优势:强大的产品差异性、可信赖的品牌、领先的操作系统、出色的物流、保护性法规、庞大的研发预算等。这些公司看起来稳定且利润可观(Astyne,Parker & Choudary,2016),但是在平台经济盛行的21世纪,却举步维艰。

而纵观国内外知名的平台型企业,无论是美国的GAFA[谷歌(Google)、苹果(Apple)、Facebook及亚马逊(Amazon)],还是国内的BATJ(百度、阿里巴巴、腾讯和京东),都表现强劲,成长迅速。自2017年起,每年均有7家平台型企业进入前十行列。2019年,全球平台经济仍保持快速增长态势,全球市场价值超100亿美元的数字平台企业达74家,价值总额达8.98万亿美元,同比增长41.8%[①]。2020年2月的全球市值前十的公司,便有8家是互联网平台型企业。疫情三年,全球经济增长明显放缓,但平台经济基本保持平稳增长,并在推动经济复苏中发挥了积极作用。截至2022年12月月底,全球价值超百亿美元的互联网平台共有70家,虽然同比减少156家,价值规模约9.2万亿美元,同比下降36.9%,为2018年以来的首次下滑[②],

---

[①] 来源:中国信息通信研究院政策与经济研究所。
[②] 共研网《2023—2029年中国平台经济市场调查与投资前景预测报告》。

但总体而言，平台型企业在经济中的影响力越来越大（Wen & Zhu，2019）。

企业平台化是一种革命性的趋势，催生了共享单车、网络直播、新零售等全新的商业模式。这些商业模式早已超越传统的电子商务模式。平台经济下，新的术语、新的商业模式、新的互联网企业不断涌现。在校大学生应具备互联网思维，深刻体会互联网技术所带来的商业格局的变化，了解商业模式发展趋势。而诸多"电子商务概论"课程的教材仍停留在对传统电子商务的 B2B（企业对企业）、B2C（企业对消费者）及 C2C（消费者对消费者）模式的讨论，未能结合时下的热门应用讲解互联网技术在商业中的应用。这显然难以满足现阶段的教学需要。因此，应结合当前平台模式和平台经济发展现状，及时改编或重编该门课程的教材，丰富电子商务概论课程的教授内容。这也是本科院校应用型、创新型人才培养的客观需要。

基于以上问题，本书在内容选取与编排上做了如下安排：第 1 章阐述互联网思维是什么，互联网企业对传统企业带来怎样的冲击，使学生意识到需要改变以往的传统思维。第 2 章介绍商业模式的发展，系统了解人类商业模式的演化历史。从第 3 章开始完整介绍平台商业模式的概念、机制设计等内容。第 5~7 章则重点介绍传统电商模式、新零售和互联网金融模式，便于学生在了解传统商业模式的同时，了解当前几种新商业模式，深刻体会平台商业模式给我们生活、学习、工作带来的变革。第 8 章介绍平台竞争相关的内容，让学生了解平台经济中企业竞争战略与传统企业的不同。

本书为 2019 年度浙江省新形态教材。本书由浙江工业大学之江学院的周欢怀任主编，鲁洁、王俊锜任副主编，具体编写分工是：第 1 章、第 3 章、第 4 章、第 5 章及第 8 章由周欢怀编写，第 2 章、第 6 章和第 7 章由鲁洁编写，数字资源中的课外案例及习题由王俊锜编写。

本书中的很多内容都是编者在多年教学中的体会与总结，由于时间仓促，所述观点难免有斟酌不足之处，请各位读者提出宝贵意见。

编者
2024 年 3 月

目 录

前言

第1章 互联网思维 ... 1
　【开篇案例】 ... 1
　1.1 互联网发展简述 ... 2
　1.2 互联网企业对传统企业的冲击 ... 3
　1.3 互联网给企业带来的革命性改变 ... 5
　1.4 互联网经济的四个运行规律 ... 6
　1.5 互联网九大思维 ... 11

第2章 商业模式概述 ... 21
　【开篇案例】 ... 21
　2.1 什么是商业模式 ... 22
　2.2 人类商业模式发展简述 ... 24
　2.3 商业模式创新 ... 34

第3章 平台商业模式概述 ... 38
　【开篇案例】 ... 38
　3.1 认识平台 ... 39
　3.2 平台的核心概念 ... 40
　3.3 平台商业模式带来的变革 ... 46
　3.4 传统企业平台化的三大模式 ... 50

第4章 平台商业模式的机制设计 ... 53
　【开篇案例】 ... 53
　4.1 平台的核心交互设计 ... 54
　4.2 如何发展用户群体 ... 56
　4.3 如何破除"鸡与蛋"问题 ... 59
　4.4 平台能不能开放 ... 62

第5章 传统电子商务商业模式 ... 67
　【开篇案例】 ... 67
　5.1 电子商务概述 ... 68

  5.2 C2C 商业模式 …………………………………………………………… 71
  5.3 B2C 商业模式 …………………………………………………………… 80
  5.4 B2B 商业模式 …………………………………………………………… 87

第 6 章 新零售 ……………………………………………………………………… 93
  【开篇案例】 …………………………………………………………………… 93
  6.1 什么是新零售 …………………………………………………………… 93
  6.2 新零售的特征 …………………………………………………………… 98
  6.3 新零售展望 ……………………………………………………………… 104

第 7 章 互联网金融 ………………………………………………………………… 111
  【开篇案例】 …………………………………………………………………… 111
  7.1 互联网金融的定义 ……………………………………………………… 112
  7.2 互联网金融的特点 ……………………………………………………… 113
  7.3 互联网金融发展历史 …………………………………………………… 113
  7.4 中国互联网金融发展 …………………………………………………… 116
  7.5 互联网金融风险 ………………………………………………………… 119
  7.6 互联网金融风险防范 …………………………………………………… 121
  7.7 互联网金融发展趋势与展望 …………………………………………… 122

第 8 章 平台竞争 …………………………………………………………………… 129
  【开篇案例】 …………………………………………………………………… 129
  8.1 平台的"赢家通吃"现象 ……………………………………………… 131
  8.2 平台间的包络战争 ……………………………………………………… 133
  8.3 平台的延展性问题 ……………………………………………………… 136
  8.4 平台治理 ………………………………………………………………… 138

参考文献 ………………………………………………………………………………… 145

第 1 章

互联网思维

【开篇案例】

2012年12月12日晚,中央电视台2012年度"CCTV中国经济年度人物"揭晓,阿里巴巴集团董事会主席兼首席执行官马云、大连万达集团股份有限公司董事长王健林等人入选"十大经济年度人物"。

也许是主持人的特地安排,马云和王健林同时登台领奖,并在颁奖现场设置了一个辩论环节。辩论的主题便是"电商会否取代传统的店铺经营"。马云说,电商一定会胜,电商即使不能完全取代零售业,也会"基本取代"。王健林不甘示弱,他不认为电商出来,传统零售渠道就一定会死,同时列举了三个理由:一是电商份额目前仍然很小,二是零售渠道有独特的存在价值,三是零售商会积极采取措施应对。

马云继续说,电商不想取代谁、摧毁谁,而是要建立透明、开放、公平、公正的商业环境。真正创造一万亿的不是马云,而是你今天可能不会回头看的店小二、在街上不会点头的快递人员,他们正在改变今天的中国经济。

王健林反驳说,电商再厉害,但像洗澡、捏脚、修耳朵这些业务也取代不了。我跟马云先生赌一把:2020年,10年后,如果电商在中国零售市场,整个大零售市场份额占50%,我给他一个亿,如果没到他还我一个亿。这就是著名的"世纪亿元豪赌"。

【思考】

(1) 马云和王健林的亿元豪赌实质是互联网经济与传统经济的碰撞。2013年,小米的雷军和格力的董明珠又在央视"CCTV中国经济年度人物"颁奖晚会上设下十亿赌局。对此,你怎么看?

(2) 在线零售与传统零售相比,有哪些异同点?

【学习要求】

大致了解互联网发展历程,理解为什么需要互联网思维;了解互联网技术的运用,如何冲击传统企业;掌握互联网经济的四大运行规律;深刻体会互联网的九大思维。

1.1 互联网发展简述

1.1.1 互联网发展概述

20世纪60年代初期,美国国防部开始担心核攻击可能给其计算机设施带来严重后果,所以想办法把美国的几个军事及研究用途的计算机联接在一起。为此,国防部雇用了很多顶尖的通信技术专家,委托一些著名的大学和研究所进行多年的研究,要创造出一种全球性的网络,若网络中的一部分被敌人摧毁,整个网络仍能正常运行。终于,在1969年,美国国防部高级研究计划局(Advanced Research Projects Agency,ARPA)建立起了用于军事用途的ARPANet。这就是人们普遍认为的互联网(Internet)雏形。但当时ARPANet只联接了4台主机,在军事要求上是置于美国国防部高级机密的保护之下,在技术上还不具备向外推广的条件。

1980年,ARPA投资把TCP/IP(传输控制协议/网际协议)加进UNIX(BSD4.1版本)的内核中,在BSD4.2版本以后,TCP/IP协议成为UNIX操作系统的标准通信模块。1982年,ARPANet、MILNet等几个计算机网络合并而成Internet。作为Internet的早期骨干网,ARPANet试验并奠定了Internet存在和发展的基础,较好地解决了异种机网络互联的一系列理论和技术问题。1983年,ARPANet分裂为两部分:ARPANet和纯军事用的MILNet。同年1月,ARPA把TCP/IP协议作为ARPANet的标准协议。之后,人们称呼这个以ARPANet为主干网的网际互联网为Internet,TCP/IP协议簇便在Internet中进行研究、试验,并改进成为使用方便、效率极好的协议簇。与此同时,局域网和其他广域网的产生与蓬勃发展对Internet的进一步发展起了重要的作用。其中,最引人注目的就是美国国家科学基金会(National Science Foundation,NSF)建立的美国国家科学基金网NSFNet。1986年,NSF建立了自己基于TCP/IP协议簇的计算机网络NSFNet,即NSF在全国建立了按地区划分的计算机广域网,并将这些地区网络和超级计算中心相连,最后将各超级计算中心互联起来。这样,当一个用户的计算机与某一地区相连后,除了可以使用任一超级计算中心的设施外,还可以同网上任一用户通信,获得网络提供的大量信息和数据。这一成功使得NSFNet于1990年6月彻底取代ARPANet而成为Internet的主干网。

20世纪70年代,人们开始在网络上开发一些新的用途,用户规模也在不断壮大。但Internet的真正飞跃发展应该归功于20世纪90年代的商业化应用。1991年,NSF进一步放宽对在Internet上进行商业活动的限制,并开始对Internet实施私有化。自此,商业机构开始进入Internet,成为Internet发展的强大推动力。此后,世界各地无数的企业和个人纷纷加入,终于发展演变成今天成熟的Internet。今天我们将Internet看成世界上最大的计算机互联网,是成千上万条信息资源的总称。这些资源以电子文件的形式,在线分布于世界各地数百万台计算机上;Internet开发了许多应用系统,供网民方便地交换信息和共享资源。

1.1.2 中国互联网发展历程

中国互联网于 1994 年正式接入互联网，历经了四次大浪潮发展。

第一次互联网大浪潮是 1994—2000 年。1997 年丁磊创立网易公司，1998 年张朝阳成立搜狐网。紧接着 1998 年 11 月由马化腾、张志东等人创立腾讯，12 月王志东创办新浪。1999 年马云等人成立阿里巴巴集团，2000 年李彦宏创建百度。这个阶段的发展特点主要是从门户网站到搜索，并初步奠定 BAT（百度、阿里巴巴、腾讯）的地位。

第二次互联网大浪潮是 2001—2008 年。2002 年个人门户兴起，互联网门户进入 2.0 时代。中国互联网开始了内容建设，论坛、博客等在这个时期兴起。2003 年淘宝网上线，后来成为全球最大 C2C 电商平台；下半年，阿里巴巴推出支付宝。2004 年网游市场风起云涌。2007 年电商服务业确定为国家重要新兴产业。2008 年中国网民首次超过美国。这一次浪潮中的企业开始迎来了上市潮。

第三次互联网大浪潮是 2009—2012 年。2009 年 SNS 社交网站活跃，以人人网（校内网）、开心网、QQ、等 SNS 平台为代表；2010 年团购网站兴起，数量超过 1700 家，团购成为城市一族最潮的消费和生活方式。2011 年微博迅猛发展对社会生活的渗透日益深入，政务微博、企业微博等出现井喷式发展。2012 年手机网民规模首次超过台式机上网用户，微信朋友圈上线。这一阶段的发展特点是从台式机互联网到移动互联网，网民获取信息的主要方式从搜索引擎转移到手机端 App，信息分发模式从搜索引擎变为订阅关注模式，网民上网入口从搜索到各种 App 分流。所以这个阶段称为"移动社交网站时代"。

第四次互联网大浪潮是 2013 年至今。2013 年余额宝上线，淘宝双十一销售额高达 350 亿元。2014 年打车软件烧钱发红包，滴滴出行巨资红包抢用户，"互联网＋交通"出行。2016 年，互联网直播、网红等热词风靡全国，短视频造就第一网红 Papi 酱。2017 年头条号、公众号、百家号等自媒体流行。这个阶段的特点是信息流模式成为网络信息分发的主流。随着自媒体的发展，信息生产模式从专业生产内容（professionally generated content，PGC）转向用户生成内容（user generated content，UGC）模式，所以这个阶段又称为"自媒体时代"。

习近平总书记曾指出，人类生活在同一个地球村里，生活在历史和现实交汇的同一个时空里，越来越成为你中有我、我中有你的命运共同体。互联网的发展，更是促进了全球的经济文化政治交流。

1.2 互联网企业对传统企业的冲击

【案例 1.1】

柯达胶卷的迅速溃败

柯达曾经是影像的代言词。它创建于 1880 年，业务遍布全世界，全球员工超过 8 万人。柯达的市值最高达到 310 亿美元。最辉煌的时候，中国市场只有一种胶卷，就是柯达。

但在1975—2005年柯达确立转型的这整整30年中，柯达并没有意识到数码技术会如何改变人们的行为，以及客户需求（客户价值）将如何改变。虽然柯达1998年就开始深感传统胶卷业务萎缩之痛，但柯达的决策者们由于担心胶卷销量受到影响，一直未敢大力发展数字业务。2000年之后，全球数码市场连续高速增长，翻了差不多两倍，而全球彩色胶卷的需求开始以每年10%的速度急速下滑。2002年，柯达的数字化率只有25%左右，而竞争对手富士已达到60%。

2004年，柯达推出6款姗姗来迟的数码相机，但利润率仅1%，其82亿美元的传统业务的收入则萎缩了17%。2006年，柯达将其全部数码相机制造业务出售给新加坡伟创力公司。2007年，其又将原四大业务之一的医疗成像部门以25.5亿美元出售给加拿大资产收购公司OneXyi。同年，其持有的乐凯股份也以3700万美元低价转让给广州诚信创业投资有限公司。

2012年1月，柯达申请破产。

思考：

（1）结合案例，谈谈"以不变应万变"这句话是否正确。

（2）新技术来临时，传统企业该怎样做？

2013年是个很特别的年份。这一年，新技术层出不穷。互联网形态的重心已经正式从PC互联网转移到了移动互联网，互联网企业掀起一阵新的冲击。

1.2.1 余额宝对传统银行的冲击

在中国互联网理财市场上，有个堪称具有划时代意义的产品——余额宝。2013年6月，阿里巴巴集团推出互联网金融产品"余额宝"，提供1元起投、随存随取、隔夜付息的理财产品。这个理财产品本质就是一种早已存在的产品——货币基金，只是余额宝让货币基金的购买、收益、赎回变得如此简单，就和活期储蓄一样，而且可以消费。之后，百度、腾讯迅速跟进。2014年1月28日数据显示，阿里巴巴余额宝（天弘基金增利宝）七天年化收益率高达6.4160%。据界面新闻的报道，2023年6月13日是余额宝上线10周年，余额宝公布的数据显示，10年间共为用户赚了3867亿元收益，相当于每天为国人赚1亿元。

余额宝的推出，彻底改变了理财市场的格局，意义重大。余额宝的出现方便了用户对资金的管理。在余额宝上线之前，货币基金几乎只能通过银行柜台或者网银购买，这对普通投资者来说不太方便。而余额宝的出现，使用户不仅能通过手机操作资金的存入和取出，还能随时收益、随时消费，利息远远高于银行的活期存款利息。普通用户使用余额宝，能够同时享受到货币基金这种投资方式的便利和高收益。

余额宝是如何做到和它们背后的基金公司一起提供甚至比银行贷款利率（6%）还高的"存款利率"的呢？用户把钱转向存入余额宝的同时，银行正面临突如其来、前所未有的挑战——用户存款迅速流失！央视财经曾报道称，银行存款规模以日均千亿之级别迅速萎缩，继而传导至信贷新增规模的日益紧张。而余额宝却以每分钟300万元的速度净增长。存款的减少，使得银行不得不妥协，以较高的协议存款利率向余额宝借钱。也就是说，余额宝通过互联网汇聚了广大用户的存款，其实还是存入了银行，即主要投向银行间货币市场，并拿到较高的存款利率，提供给用户比银行更高的利率。以此循环，余额宝便吸引更多的用户将钱从银行转移到余额宝。余额宝再借给银行，将得到的利差利润再分给用户。为应对余额宝此类的互联网金融产品的冲击，2014年，五大行将一年期以内（含一年）定存利率最低上调8%。

可见，余额宝借互联网的力量重新构建了资金流的商业价值链，带着广大储户从银行手中抢夺利差利润，这就是互联网金融的威力。

1.2.2 小米电视机对传统电视机企业的冲击

2013年下半年，小米继手机之后，推出了小米电视。雷军在"小米2013年度发布会"上说：一台电视的所有成本，就是那块屏，为什么要弄十几个不同的型号，价格从3000多元到10000多元？并宣布小米47英寸3D智能电视，全部顶配（最高标准硬件配置），只需2999元！而47英寸的高清电视机，在苏宁易购上，最便宜的也要卖3300多元。

传统电视机生产商，基本是从供应商处采购屏幕、控制芯片、外壳、遥控器等组件，组装贴牌后运至苏宁、国美等实体店进行销售。传统电视机生产商的利润显而易见，销售价格减去包括生产成本、渠道成本等在内的各种成本之后，才是最后的利润。小米电视机的售价低于传统电视机厂商的售价，这个价差，一方面来自其销售渠道绕过国美、苏宁等传统零售商，通过互联网直接销售；另一方面，则是小米并没有想通过电视机本身赚取利润。小米要通过低价策略，借助电视机抢占用户家里的客厅、卧室入口，达到占领用户终端的目的，以便日后插手电视节目和电视游戏。因此，小米杀入传统电视机行业，并非要靠电视机赚钱，只是取道电视机，与用户取得连接，其实际目的是他日的娱乐产业。可见，小米虽然卖电视机，却和传统电视机生产商在不同的维度竞争。相似的例子，还有360杀毒软件。在360杀毒软件出现之前，有瑞星、诺顿、金山毒霸等杀毒软件公司。它们的盈利模式主要在于销售杀毒软件和升级病毒库，而360杀毒软件却免费。360杀毒软件免费，目的则是在用户的计算机屏幕的右下角占有一席之地。凭借占领诸多用户的屏幕，360杀毒软件可以向广告商收取高额的广告费用。这就是互联网企业对传统企业的打击——"消灭你，与你无关"。

1.3 互联网给企业带来的革命性改变

1.3.1 距离的改变

管理学大师彼得·德鲁克曾说过："互联网消除了距离，这是它最大的影响。"

19世纪20年代，英国修筑了一条从利物浦到曼彻斯特的铁路。虽然这条铁路很短，但是让人们看到了距离被迅速拉近的希望，也因此在后面的两百年来，一直影响着人们的生活和工作。而后，电信技术的发明开始消除人们沟通上的距离，从电报、电话到今天的互联网。

今天的互联网影响人与人、买家与卖家之间的沟通距离，主要体现在以下两个方面。

（1）流量。也许有人会说，上网零成本开店是一种创业的好方式。在淘宝网初创的那几年，的确很多下岗职工、在校大学尝试着在淘宝开店，能有不错的经济收益。但是如今上网零成本开店，却很难成功。为什么？因为没有流量。网上店铺生意的好坏，与流量息息相关。谁拥有流量，就有与客户更多的沟通机会。就好比我们在公交车站、火车站等人流密集的地段总能看到麦当劳、肯德基等连锁店。因此，互联网时代，流量为王。

百度、阿里巴巴和腾讯正是因为在收集流量、分发流量上拥有话语权，成为PC互联网时代的三大巨头。例如腾讯，凭借社交软件QQ，在中国拥有8亿用户。2003年8月，腾讯发布棋牌游戏测试版，并没有引起当时棋牌游戏的龙头企业联众的注意。当时联众认为腾讯的棋牌游戏都是模仿联众的，不足为惧。然而新的QQ软件加入了QQ游戏大厅功能，QQ很快显现出强大的流量导入优势。由于QQ游戏对联众的模仿，使得联众的用户转移到QQ时，不会感觉任何的不适。2004年8月，在正式运营一年后，QQ棋牌游戏同时在线人数达到62万，到12月底，突破100万。腾讯在自身企业体系内流量的分发，推动了腾讯游戏的发展。再看淘宝，日均页面浏览量达到数十亿，甚至更多。但是淘宝店铺除了能得到少数自然流量，还得通过购买关键词、参加"天天特价"等官方活动才能获得流量。卖家为获取流量所付出的成本，也正是淘宝分发流量的收入。

（2）时间。当移动互联网开始普及的时候，企业或商家开始关注用户的在线时间。移动互联网时代，智能手机及运动手环等可穿戴式设备的出现，使得人们随时随地地上网，无形中延长了上网时间，沟通效率进一步得到提升。《2022年移动状态报告》显示，中国人平均每天用机时长接近5小时。移动互联网时代的企业竞争，也是对用户上网时间的争夺。

1.3.2 商业模式的改变

传统经济中，由于空间时间的阻隔，容易产生信息不对称。赚取信息差也正是某些卖家谋取高额利润的主要手段。互联网消除空间、时间的差距，逐步淘汰一切基于信息不对称的商业模式。大家熟知的淘宝网，提供了一套极其透明的交易机制。买家通过搜索，并按照价格、销量、信用等维度过滤、排序商品，能够在多个卖家中进行挑选。可以说，淘宝消灭了信息不对称。但淘宝消除的是站内信息不对称，属于一次消除信息不对称。作为电商导购平台App的识货App，以第三方角色为买家筛选淘宝、拼多多、得物等电商平台的产品信息，并对商家进行货源追踪、复核资质、实物查验和定期复审，提供的是跨平台进行比价服务。这属于二次消除信息不对称。因此，传统基于信息不对称的商业模式遭受重创，举步维艰。

对于企业来说，当互联网来临时，不应是抗拒，而需要主动了解互联网技术带给我们生活、工作的变革是什么，主动了解互联网情景下企业的竞争战略会发生哪些变化。企业应如何运用这些技术来解决客户的痛点。传统企业更需要深刻理解互联网所带来的转变。

课外案例1.1
拼多多对
传统电商
的冲击

1.4 互联网经济的四个运行规律

1.4.1 马太效应

所谓"马太效应"，就是指在一定的条件和范围下，人类社会中优势和劣势的累积过程是有偏向的；不管身处优势或劣势，都会不断地被强化，即优者愈优、劣者愈劣。马太效应是网络经济三大法则中最早为人们所熟知，事实上很多年以来，人们已经在很多领域发现了这条规律的广泛存在。它描述的是一种典型的正反馈特性，譬如那些在竞争中因初始条件的优势而积累起更多资源、经验和能力的个人、组织或企业，在此后的竞争过程中将会由于此前所积累的这些资源和能力而易于获取更多的资源与机会。优势或劣势一旦出现并达到一定程度，就会导致不断加剧和自行强化，出现强者更强、弱者更弱的垄断局面。

在传统经济中，负反馈特性起支配作用。传统经济中，几乎每个产业发展早期都经过正反馈阶段，这源于生产的规模经济，但发展超过了一定限度，负反馈就起主导作用，这源于管理大组织的困难。负反馈的结果是市场找到了一个平衡点，它使强者变弱、弱者变强，而不是走上单极主宰的极端。

在网络经济中，正反馈处于支配地位。网络经济下的正反馈是需求方正反馈，它使强者更强、弱者更弱。这种作用是彻底的，贯穿竞争的始终，直至走向单极主宰的程度。网络经济中马太效应的具体体现就是网络经济中的达维多定律（Davidow's Law）。达维多定律认为进入市场的第一代产品能够自动获得50%的市场份额，所以任何企业在本企业中必须第一个淘汰自己的产品。比如，英特尔公司的微处理器并不总是性能最好、速度最快的，但它几乎总是新一代产品的首家推出者，因此一直走在市场的前面。达维多定律体现的就是网络"马太效应"中的"主流化"现象，即由于消费者对于一些网络产品的使用产生习惯，他们的消费行为显示出巨大的黏性。

【案例1.2】

IBM、微软与Google的竞争

通常而言，那些具备行业领先地位的公司会不由自主地丧失询问自己最尖刻问题的勇气，这最终导致它们错误辨识未来的竞争态势，培养了事后被证明并非最重要的竞争力。

关于此，商业历史上最典型的案例，来自计算机时代新旧霸主更迭时的主角——IBM。在那次微软取代IBM成为IT（信息技术）产业核心的漫长竞争中，哈佛大学的辍学生比尔·盖茨和IBM站在不同的立场上，发出了不同的疑问。前者的好奇是：如何让每个家庭每张桌子上都有一台电脑？如果最终电脑深入个人家庭，微软该做什么从中获益？而后者的问题是：如何避免电脑的个人化？如何最大限度地保护其大型机的利润？

于是，盖茨率先意识到桌面操作系统将成为未来的竞争核心，为此，他甚至恐吓同伴鲍尔默，如果不能赶在西雅图1985年第一场雪到来前开发出第一代Windows，对方就得离开微软。

结果证明，微软准确地把握住了信息时代发展的脉搏，从DOS到Windows，微软一直牢牢占据着个人电脑操作系统90%以上的份额。这使其从一个小公司最终发展成了世界500强之一，并由此积累了巨大的信誉。

但历史往往惊人的相似。在确立行业主导权之后，微软就像其当年赶超的对手IBM一样，丧失了继续自我逼问的勇气，错过了搜索市场这一互联网发展的最新契机。

据尼尔森 NetRatings 公司的测算，2005 年 2 月时，Google 和微软 Windows Live 的搜索市场份额分别为 46% 和 14%，但到 2007 年 2 月，Google 的市场份额提升为 56%，微软则萎缩至 9.6%。

随着市场份额呈马太效应，两家公司在网络广告领域的收入也显现出更大的落差：2007 年第一季度，Google 的收入为 36.6 亿美元，微软的 MSN 业务收入为 6.23 亿美元；而 Google 的 10 亿美元净利润，更让对手的净亏损 2 亿美元显得可怜。当然，如果人们相信到 2011 年，搜索引擎相关广告市场将从 2006 年的 158 亿美元增长为 445 亿美元，则当前的悬殊数字在将来可能变成微软的一场灾难。

让人们难以理解的：是什么原因，使得微软败给 Google——一个不足 9 年历史的搜索引擎公司？

最根本的教训也正是最直接的答案：这两家公司在寻找网络时代的竞争方法时，问出了不同的问题。

早在 2003 年 12 月，包括盖茨在内的微软高层就已经对 Google 高度重视。但在当时，微软内部反复思索的核心问题是：Google 会进入操作系统领域吗？而 Google 所考虑的问题是：搜索引擎的竞争最终将集中在哪里？在绝大多数公司将搜索引擎视为算法问题时，Google 找到了另一个答案：这是一个硬件问题。也就是说，存储整个互联网的成本和能力，决定着搜索引擎公司的长期竞争力。只有能够自己生产、架设服务器矩阵的能力，以及大规模存储、发布的技术，其搜索能力才会得到效用的最大化。于是，从早年起，Google 就大量招募硬件人才，并成为全球每年服务器产量最大的公司。这让它有能力以更低成本存储比微软和其他竞争对手更多的网络页面，并更快地将它们变成搜索结果。事实证明，微软问出了一个完全错误的问题，而 Google 创造了新的互联网竞争法则：在这样一个信息爆炸的时代，赢得用户并不在于你为他提供什么样的操作系统，而在于你怎样能够迅速满足他对信息的需求——如果你越快找到用户提出的问题的答案，他们使用你就会越频繁。

思考：

(1) 生活中有哪些马太效应的例子？

(2) 马太效应对于平台企业有什么好处？

1.4.2 摩尔定律

摩尔定律（Moore's Law）是以英特尔公司三大创始人之一戈登·摩尔的名字命名的。摩尔观察了 1959—1965 年半导体工业的实际数据，发现以 1959 年数据为基准，每隔 18 个月左右，芯片技术就大约进展一倍，于是 1965 年 4 月提出了著名的摩尔定律："计算机芯片集成电路上可容纳的元器件密度每 18 个月左右就会增长一倍，性能也会提升一倍。"摩尔定律的出现，对信息产业和网络产业的发展都产生了一定的影响，具体如下。

(1) 摩尔定律对技术变革和技术竞争起到了导向性作用。半导体工业的发展逐渐证实了摩尔定律的解释。许多厂商开始运用摩尔定律来确定自身的技术发展速度，从而使整个产业在技术发展的速度和趋势上表现出惊人的一致性。

(2) 摩尔定律对厂商竞争中的价格策略产生重大影响。事实上在摩尔定律提出的最初,并未涉及价格变动的趋势。随着竞争作用的加强,人们对摩尔定律进行了进一步拓展,表述为"每18个月左右性能提升一倍而价格下降一半"。例如像英特尔这种在行业中处于主导地位的厂商,为了获取动态的竞争优势,它们仍不断地驱动技术向前发展,并且在竞争对手能够生产出性能相近的产品时,将价格大幅度降低,从而利用规模经济和学习曲线来使竞争对手处于不利地位。

(3)摩尔定律使得规模经济在一些飞速发展的高科技行业体现出价值。与此同时,技术发展速度的加速,又迫使厂商如果想要盈利,就必须在技术周期之内尽可能短的时间里回收投资成本,这必须通过规模经济来实现。

(4)摩尔定律对软件工业市场策略产生驱动作用。由于软件和硬件之间具有很强的关联性,它们是构成一个系统不可或缺的部分,因此在发展过程中需要相互之间的支持。这种产业的系统特性导致产业市场策略也发生变化,使软件供应商与硬件供应商之间开始寻求更为密切的市场和技术合作。一方面软件供应商必须适应摩尔定律所表现出的技术发展趋势;另一方面为了更有利于自身的发展,硬件供应商也必须在产品开发过程中就把一些技术架构和技术特性告知软件开发商,以便软件开发商相应地开发出一些能充分发挥其技术性能的软件。这种互动的关系事实上对相互关联的行业都产生了重要的影响。多年来的实践证明,摩尔定律这一预测还是比较准确的,预计在未来仍有较长时间的适用期。

1.4.3 梅特卡夫法则

梅特卡夫法则(Metcalfe's Law)是由罗伯特·梅特卡夫(Robert Metcalfe)最早提出来的,可以表述为:"网络的价值等于网络节点数的平方,即网络价值以用户数量的平方的速度增长。"梅特卡夫分析说,当只有一部电话时,并没有什么价值;当有两部电话时,一个人可以打给另一个人,其价值为1;当有3部电话时,每一部电话都可以打给另外两个,其价值骤升为$6(3 \times 2)$;当有100部电话时,每一部电话都可以打给另外两个,其价值则是100×99。推而广之,当有m部电话时,由于每一部电话都可以和剩下的$(m-1)$部电话通话,那么总可能性就是$m \cdot (m-1)$。我们把m看作网络上的一个节点,当m趋向无穷大,也就是网络规模不断扩大时,$m \cdot (m-1)$就相当于m的平方。假如用公示来表示,就是$I = EM$,其中I是网络经济的规模,E是常数,M是网络节点数。据估计,网络用户大约每半年翻一番,网络通信量每百日翻一番,这种宇宙大爆炸似的膨胀,直接推动了网络收益的快速增加。网络时代的梅特卡夫法则说明,网络经济的扩张与网络节点数的平方成正比,网络的价值等于网络节点数的平方。

这一法则用经济学的术语描述就是网络外部性(network externality)。以购买办公软件为例,随着使用微软Office软件用户的增多,该产品对原有用户的价值也相应增大,因为你可以通过与其他用户的信息共享和兼容,来提高办事效率。其他数字产品也具有明显的外部性,比如,E-mail的使用价值随着用户数量的增加而增加。某类网络游戏的价值也随着加入游戏者数量的增加而增加等;又如,加入某企业协同商务,系统的成员企业越多,则该系统的价值越大。这里需要指出的是,网络外部性并非网络经济独有的特征,在网络经济外的诸多传统经济领域都或多或少地存在,如相互兼容的传真机网络和电话网络，以及一种产品的销售网络等。但在网络经济下，经济以网络的方式组织和运作，网络经济的主导信息技术产业表现出更强烈的网络外部性。网络外部性产生的根本原因在于网络本身的系统性和网络内部组成成分之间的互补性。首先，无论网络如何向外延伸，也不论增加多少个节点，它们都将成为网络的一部分，和原网络结成一体，因此整个网络都将因网络的扩大而受益；其次，在网络系统中，信息流的流动不是单向的，网络内的任何两个节点之间都具有互补性，这就保证了网络外部性的普遍意义。

1.4.4 长尾理论

"长尾"这一概念最早是由《连线》杂志主编安德森在2004年10月的《长尾》一文中提出的，是统计学中幂律和帕累托分布特征的一个口语化表达。过去人们只能关注重要的人或事，如果用正态分布曲线来描绘这些人或事，人们只能关注曲线的"头部"，而将处于曲线的"尾部"、需要更多的精力和成本才能关注到的大多数人或事忽略。例如，在销售产品时，厂商关注的是少数几个所谓VIP（贵宾）客户，"无暇"顾及在人数上居于大多数的普通消费者。而在网络时代，由于关注的成本大大降低，人们有可能以很低的成本关注正态分布曲线的"尾部"，关注"尾部"产生的总体效益甚至会超过"头部"。以占据Google业务半壁江山的AdSense广告系统为例，它面向的客户是数以百万计的中小型网站和个人——对于普通的媒体和广告商而言，这个群体的价值微小得简直不值一提。但是Google通过为其提供个性化定制的广告服务，将这些数量众多的群体汇集起来，形成了非常可观的经济利润。目前，Google的市值已超过千亿美元，被认为是"最有价值的媒体公司"，远远超过了那些传统的老牌传媒机构。安德森认为，网络时代是关注"长尾"、发挥"长尾"效益的时代。所以，长尾理论就是指，只要产品的存储和流通的渠道足够大，需求不旺或销量不佳的产品所共同占据的市场份额可以和那些少数热销产品所占据的市场份额相匹敌甚至更大，即众多小市场汇聚成可产生与主流相匹敌的市场能量。也就是说，企业的销售量不在于传统需求曲线上那个代表"畅销商品"的头部，而是那条代表"冷门商品"经常为人遗忘的长尾。长尾市场也称为"利基市场"。"利基"一词是英文"niche"的音译，意译为"壁龛"，有拾遗补阙或见缝插针的意思。菲利普·科特勒在《营销管理》中给利基下的定义为：利基是更窄地确定某些群体，这是一个小市场并且它的需要没有被服务好，或者说"有获取利益的基础"。

传统零售商存在两大软肋：一是由于物理地址的限制，必须找到本地顾客进行交易；二是没有足够的空间来陈设足够多种类的商品。一家普通的电影院只有在两周的档期内吸引至少1500位观众，票房才能支撑放映厅的租金。传统零售商必须保证它们的产品能够带来足够多的需求，否则它们无法生存。但实际中，在任何市场，利基都远远多于头部热门产品。

互联网技术的发展，产生了三种力量，将需求推向"长尾"的后部，使得"大规模定制成为可能"。第一种力量是生产工具的普及。智能终端（智能手机、个人电脑、平板电脑等）的普及使内容生产普及，廉价的生产得以实现。第二种力量是互联网传播工具的普及，消费和营销成本显著下降。第三种力量是连接供给与需求,搜索引擎把低成本的产品和少量可能的无限需求迅速连接起来,使需求曲线向尾部移动。

思考:传统书店和亚马逊书店在长尾效应方面体现出的差异有哪些?

1.5 互联网九大思维

1.5.1 用户思维

用户思维是互联网思维的核心,其他思维都是围绕用户思维在不同层面地展开。没有用户思维,也就谈不上其他思维。传统企业往往是自行生产产品,然后配之大量的广告促销等活动,把产品推销给顾客。随着互联网的发展,用户获得信息的渠道越来越碎片化,用户自主意识的逐步增强,使传统企业的方式开始慢慢失效。传统企业也讲"用户至上、产品为王",但这种口号要么是自我标榜,要么是出于企业主的道德自律。在数字化时代,"用户至上"是必须遵守的准则。互联网消除信息不对称,工业时代形成的厂商主导转变为互联网时代的消费者主导。因此,用户思维是指在价值链各个环节中都要"以用户为中心"去考虑问题。

360随身Wi-Fi是360手机助手于2013年6月推出的首款硬件设备。该产品是一款超迷你、操作极其简单的无线路由器,用户只需把360随身Wi-Fi插到一台可以上网的电脑上,不用做任何设置,就能把连接有线网络的电脑转变成接入点,实现与其他终端的网络共享。把无线网卡变成无线API(application programming interface,应用程序编程接口),对于技术人员来说,是一件非常简单的事情,但对于没有任何网络常识的大部分用户来说,并非易事。"360随身Wi-Fi"的推出正是看到了这一点,将这个看似简单,其实许多人都不知道、不会设置的功能进行了极简优化。这样所有人都可以轻松搭建无线API,并共享互联网络。360随身Wi-Fi是一款超迷你的无线路由器,解决了用户上网花手机流量费的问题。360公司董事长周鸿祎认为,不以用户为中心的产品,不能真正解决用户的问题,终将失败。360随身Wi-Fi让用户轻松上网,解决了依靠手机上网贵的问题,所以才获得用户的拥趸。

用户思维必须从市场定位、产品研发、生产销售乃至售后服务整个价值链的各个环节出发,建立起"以用户为中心"的企业文化,不能只是理解用户,而是要深度理解用户,只有深度理解用户,才能生存。商业价值必须建立在用户价值之上,没有认同,就没有合同。

1.5.2 简约思维

简约指的是最大限度地精简信息,减少噪声,减轻用户的认知负担。以互联网产品为例,简约思维就是要简化操作,减少操作的复杂度和操作步骤,提高用户的使用效率。产品的操作不能弄得太复杂,而是越简单越好,这样既容易上手使用,也能节约时间,无疑对用户来说是一个很大的吸引力。而产品使用操作一旦烦琐,势必影响用户的使用与体验,继而可能导致用户的离开。另外,许多产品上都有着诸多的功能,有些用户根本用不到,删减一些不必要的功能,也能简化产品的操作体验。

简约思维的第一个法则是"专注,少即是多"。大道至简。越简单的东西越容易传播。第二个法则是"简约即是美"。在产品设计方面,要做减法。外观要简洁,内在的操作流程要简化。

【案例1.3】

乔布斯与苹果产品

乔布斯常说:"人生中最重要的决定不是你做什么,而是你不做什么。"在设计iPod时,简单设计的思想贯穿了产品设计的整个过程。除了不提供开关键以外,iPod还把四个功能键都集中在中央转轮上,整个播放器没有任何多余的操控界面。

在设计iPod时,设计师艾维说:"从某种意义上看,我们真正在做的,是在设计中不断做减法。"到了研发iPhone时,因为已经成功研发了多点触控显示屏,艾维和乔布斯终于可以大展拳脚,把不必要的按键删除、删除再删除。那时,乔布斯对设计团队最常说的话就是:"已有的所有手机都太复杂、太难操作了,苹果需要一款简约到极致的手机。"

在刚开始设计iPhone的时候,乔布斯就给设计团队下达了当时看似无法完成的任务:iPhone手机面板上只需要一个控制键。

面对这个似乎异想天开的想法,设计师和工程师们绞尽脑汁,可是怎么也想不出如何用一个控制键完成所有的操作功能。他们一次次跑到乔布斯面前,陈述手机面板上必须有多个按键的理由。每周的会议上,都会有人对乔布斯说:"这不可能。"

乔布斯对这些抱怨充耳不闻,他坚信一定有办法设计出一个控制键的解决方案。他对设计师说:"iPhone面板上将只有一个按键,去搞定它。"

"零按键"代表一种简约之美,它的背后,是乔布斯"用户至上"的产品理念。一位苹果前软件开发工程师曾经和别人说过这样一件事:在一个照片编辑应用就要发布的前几天,乔布斯发现一个索引功能的应用很复杂,于是决定去掉这个功能。当时说明书都已经写好并打印成册了,但乔布斯并没有因此放弃改动。这让设计团队觉得很沮丧,但是大家也确实发现"那个改动真的让它变得更好用了"。现在,这种思考问题的方式已经扎根到苹果基层,一些工程师经常会说:"如果我是乔布斯,我会怎么看待这个问题。"不论是iMac、iPod、iPhone,还是iPad,都体现了"苹果"的简单风格。

乔布斯曾经这么表示:iPad缺少的功能正是我们感到骄傲的地方,因为我们不断改进的目的是使用户和互动内容之间没有距离。iPad可以运行各种应用,并且拥有日历、电子邮件、网页浏览、办公效率管理、音频、视频和游戏等功能。但当你开始使用的时候,你一般不会把它看作"工具",这种体验更像是你与一个人或一个动物的关系。正是因为舍去那些烦琐的东西才有了今天苹果的个性。乔布斯说:"这样的组织非常流畅、简单,容易看明白,而且责任非常明确,一切都简化了,这正是我的信条——聚焦与简化。"

思考:打开抖音视频App,看看这个App的设计是否体现了简约思维。

1.5.3 极致思维

极致思维,就是把产品、服务以及用户体验做到极致,超出用户预期。

互联网时代是个性化时代，甚至是碎片化时代。企业不要试图取悦每一个人，但一定要让喜欢的人更加喜欢。这需要企业将产品的核心能力做到极致。互联网的快并不等于快餐、垃圾、速食。相反，口碑传播的特点是使那些质量差的产品无所遁形，因此只有精品才能胜出。只有依靠群众，不断迭代完善，将产品做到极致，才能赢得口碑，赢得用户，从而形成正向循环，否则将是恶性循环，失去用户，失去口碑，失去一切。马化腾这样论述产品的核心能力：任何产品都有核心功能，其宗旨就是能帮助用户，解决用户某一方面的需求，如节省时间、解决问题、提升效率等。

【案例1.4】

雕爷牛腩的"宁做榴莲，不做香蕉"

雕爷牛腩之所以能劈开脑海，关键在于核心定位准确：把五星级酒店的菜品以充满形式感和仪式感的形式放到购物中心。所以有顾客对雕爷牛腩爱得要死，就是因为这种形式感。

那怎么提高翻台率呢？其中重要的一点就是菜少。有餐饮界朋友问他：这怎么能行得通？他说，你第一次去一个陌生的餐厅，如果你吃得很满意你下次还会去。当你第二次去的时候点菜跟第一次是高度重合还是高度不重合？显而易见，因为你上次吃得满意，你下次去的时候基本上高度重合，很可能是80%跟上次点的一样，另外20%可能会换个新鲜。所以雕爷牛腩只卖12道菜，在互联网时代，既然能轻松获取顾客消费的数据，就可以清楚知道哪些菜是广受欢迎、哪些菜是吐槽严重的。

我经常会调研我的忠实用户以及点单数据，通过这些大数据不断去优化菜品，快速迭代，实行菜品的末位淘汰，我们每隔一个月都会更新一次菜单。

菜品少了，点菜时间也就缩短了。另外还有其他尝试，比如酒水单杯出售而不是整瓶、不接待小孩等。因为带小孩的家庭顾客用餐时间长，而且容易打扰到其他客人。雕爷牛腩理想中的餐厅翻台率是3~4.5台。

在餐厅空间使用率上：雕爷牛腩在设计之初，就确保实现在营业时不让一张桌子空着。雕爷牛腩的每家店面都是小店，极限是不超过300平方米。这里有两个原因：第一，大于300平方米，在忙时前厅与后厨的沟通就会变差，上菜频率受损。第二，购物中心的特点是晚上六七点的饭点时间一定能坐满顾客，但到了8点或者更晚，上座率就无法保证。假设1000平方米的店，晚上六七点一定能坐满，8点上座率可能就只有一半了，到了9点可能只剩1/3用餐。同样的情况如果换作300平方米的店，就能保证每一个时间段都是满席。充分利用每张桌子，这就是我们的思路。

雕先生提出"宁做榴莲，不做香蕉"，让爱的人爱到极致，不用关注不喜欢你的人。企业也应该这样，很纯粹，不纠结。

思考：雕爷牛腩的极致思维体现在哪些方面？

1.5.4　迭代思维

传统企业做产品的路径是：不断完善产品，等到完美的时候再投向市场，再修改完善就要等到下一代产品了。而互联网思维则不然。互联网思维讲究的是快，尽快地将产品投向市场，然后通过用户的广泛参与，不断修改产品，实现快速迭代，日臻完美。"敏捷开发"是互联网产品开发的典型方法论,这是一种以人为核心、迭代、循序渐进的开发方法,允许有所不足,不断试错,在持续迭代中完善产品。

迭代思维体现两个法则。第一个法则是"小处着眼,微创新"。"微",是指要从细微的用户需求入手,贴近用户心理,在用户参与和反馈中逐步改进。"可能你觉得是一个不起眼的点,但是用户可能觉得很重要。"360安全卫士当年只是一个安全防护产品,在不断满足用户需求过程中,逐步成长为新兴的互联网巨头。第二个法则是"精益创业,快速迭代"。只有快速地对消费者需求作出反应,产品才更容易贴近消费者。Zynga游戏公司每周对游戏进行数次更新,小米MIUI系统坚持每周迭代,就连雕爷牛腩的菜单也是每月更新。

特斯拉汽车生产第一款车时,没有自己的生产线。这款车的整体结构是从一个英国品牌买到的。由于这款车是购买一个已有车的结构,所以特斯拉没有办法做出一个具有"革命性"的电池安置方式,只好把大块电池塞在车体中间。第一款车非常难看,结构设计不合理,好像背了一个"大炸弹"。现在这个问题已被完美解决。此外,最初的特斯拉也没有服务中心,一旦有问题就派一辆大车,里面装一些工具,把车开过来解决问题,而现在他们的服务中心可以和最好的汽车中心相媲美。特斯拉的这些改变都是在一次次的迭代中发生。

所以迭代是颠覆式创新的灵魂,在特斯拉整个发展过程中,迭代起到非常大的作用。于是,互联网产品在推出时,通常显示有测试版,也有封测、公测等。互联网会重视用户社区和粉丝建设,依靠用户的集体智慧,帮助完善产品,从群众中来,到群众中去。在飞速发展的互联网行业,产品是以用户为导向随时演进的。因此,在推出一个产品之后要迅速收集用户需求进行产品的迭代,在演进的过程中注入用户需求的基因,完成快速的升级换代裂变成长,才能让你的用户体验保持在最高水平。不要闭门造车,以图一步到位,否则你的研发速度永远也赶不上需求的变化。

【案例1.5】

百 度 的 迭 代

2000年,百度完成了第一版的搜索引擎,功能已经相当强大,超过市面上的其他搜索服务。但是单从纯技术的角度来看,第一版搜索程序或许还存在一些提升的空间。开发人员秉承软件工程师一贯的严谨作风,对把这版搜索引擎推向市场有些犹豫,总是想做得再完善一点儿,然后再推出产品。

当时,对是否立刻将这款并不完美的产品推向市场,百度的几位创始人也仁者见仁、智者见智,大家的意见很不统一。最后,李彦宏来下结论了。李彦宏认为,抓住时机尽快将产品推向市场,只有让用户尽快去使用它,才能知道用户的真实想法,才能知道怎样去完善。对于百度而言,重要的是快速迭代,早一天面对用户就意味着离正确的结果更近一步。

上线后,百度的新产品果然受到用户的普遍欢迎,当然,从后台观察上百万用户的使用习惯与应用方式,也让大家更清楚用户需求,从而明确改进的方向,技术部集中力量进行了一轮又一轮的攻关改进,一周之内,功能上已经进行了上百次更新,而这种优化从此便延续下来,直至今日。

如果秉承完美之后再推出的心态，百度可能永远也不会推出自己的搜索引擎，因为用户的需求日新月异，永远都没有最好，只有更好。

今天，百度产品的更新迭代更快了，大家不知道，其实每天都会有上百次更新升级上线，网页搜索的结果页每一天都有几十个等待测试上线的升级项目，失败了不要紧，改过再上。百度的工程师已经习惯了一个叫"AB test"的开发模式，即如果我们不确定 A、B 两种结果哪一个更符合用户的需求，就让用户来为我们 test，得到结论后迅速调整。

正是这种越来越快的迭代演化使百度在中文搜索引擎的生态圈里永远保持在进化链的最高端。

在一次总监会上，李彦宏详尽地阐述了他的"快速迭代理论"，"这个产品究竟是该这么做还是那么做？用二分法来看，经过 100 次试错之后，你就能从 101 个选择中，找出那个唯一的正确答案"。

在他看来，用户是最好的指南针，任何产品推出时肯定不会是完美的，因为完美本身就是动态的，所以要迅速让产品去感应用户需求，从而一刻不停地升级进化、推陈出新。这，才是保持领先的捷径。

1.5.5 流量思维

过去的生意经是"有人流就有商流"，互联网时代的生意经是"流量就是商流"。互联网经济的核心是流量经济，有了流量便有了一切。流量意味着体量，体量意味着分量。"目光聚集之处，金钱必将追随"，流量即金钱，流量即入口，流量的价值不必多言。

许多互联网产品大多用免费策略极力争取用户、锁定用户。当年的 360 安全卫士，用免费杀毒入侵杀毒市场，一时间搅得天翻地覆，回头再看看，卡巴斯基、瑞星等杀毒软件，估计没有几台电脑还在安装着了。免费其实是为了更好地收费。

任何一个互联网产品，只要用户活跃数量达到一定程度，就会开始产生质变，从而带来商机或价值。QQ 若没有当年的坚持，也不可能有今天的企业帝国。注意力经济时代，先把流量做上去，才有机会思考后面的问题，否则连生存的机会都没有。

【案例 1.6】

"三只松鼠"的流量

毛利 50%的坚果产品，淘宝推广费用占销售额的 30%，是不是疯了？

"从传统品牌运营的角度来看，这是不健康的，我自己都觉得这不健康。"坚果类淘品牌"三只松鼠"创始人章燎原说。但在章燎原看来，企业的营销就是吸引新顾客留住老顾客。有了第一批顾客才能形成口碑营销，而吸引第一批顾客的关键就是商家首先要学会卖货，通过打折和强推广来吸引顾客。

但这种大手笔的投入，让"三只松鼠"在上线仅 4 个月之后的"双 11"淘宝大促，日销 800 万元，知名度和曝光度也随之爆发，正如章燎原所期待的那样。

"'双 11'是一次有'预谋'的行动"章燎原说。从 2012 年 6 月 19 日上线开始，"三只松鼠"就开始在准备"双 11"这一天的爆发。就像线下品牌，渠道准备充分之后,要来一次高空广告强有力的轰炸,"双11"就是其品牌规划的临界点,希望在这个点上能一举成为"第一"(销量)。

章燎原认为,在互联网上的推广费用实际上同时也起到了广告的作用,但现在很多人仍然没有将互联网的推广和广告结合起来。在做推广中,章燎原发现去年坚果类新品牌商家在直通车和钻展上基本不做推广,广告价格比较低。这些不作推广的品牌一方面活得还可以,另一方面觉得一时看不到价值,认为推广贵。"其实做1000万元的广告,立马能卖2000万元的货。"章燎原认为,这样的投资回报是很合算的。

在"双11"之前的4个月当中,其实就是在流量和推广上做铺垫。当时章燎原给团队提出了很多要求。

首先占流量入口,"我们希望有一个单品在搜索流量入口能在全国达到40%,占据前三的位置。"章燎原说,"当搜索流量达到40%,占据全国前三时,顾客的二次购买率和口碑转化率如果达到20%以上,这个对新品牌来说是一个比较高的值,就可以再加大推广。"

他进一步说明,6月上线,8月的目标是进入坚果的前10名到20名,10月的时候希望占据或并列坚果类的第一,保持流量等各种指标均衡。

流量的构成有钻展流量、直通车流量、活动流量等付费流量,还有一部分慢慢累积的免费流量,就是那些直接搜"三只松鼠"这个品牌名的消费者。

"6月到10月我们完全是亏本的,我们的考核指标就是二次购买率和口碑转换率。"

"三只松鼠"有一个数据推广部门,数据分析的对象包括:每天的销售额,来自哪些流量,多少来自老顾客等,然后针对这些制订每次投放的计划。

"与传统企业最大的不同在于每一次的推广,都能获得数据的支撑。我们很多时候投放广告,不一定去追求产出怎么样,而是在于获得这些数据,对数据进行分析后才知道下一步怎么做。前期做不好没有关系,有了数据,我们只会越做越好。"在他看来,事情变得更便捷。

只有这些都准备充分之后,才可能有一次借势的暴发。"那一次'双11',我们的目标是500万元,但后来超出了预期,有800万元。"章燎原说。

"三只松鼠"在天猫、京东等平台站内做推广。"这些网站的流量很大,而且可以在前面拦截一部分消费者,未来可能会在站外做一些推广。"章燎原说,这要根据消费者的变化来定。

思考: 统一、康师傅等台资企业在2013年出现集体滑坡。有人说这和"三只松鼠"等企业的崛起有关。你认为呢?

1.5.6 社会化思维

社会化商业的核心是网,公司面对的客户以网的形式存在,这将改变企业生产、销售、营销等整个形态。SNS、社群经济、圈子,这是目前互联网社会化思维发展最典型的三个领域。如何在产品设计、用户体验、市场营销等经营活动中增加其社会化属性和社交性功能,对传统企业拥抱互联网时代的机遇来说,是一个重要的思路。

从营销角度讲，社交化产品天然是有效的营销和推广通道。创新工场董事长李开复曾表示："社交链可造就前所未有的产品普及速度。"以社交游戏为例，在没有社交平台的时代，被称为"世界第一网游"的魔兽世界，6年积累用户1200万。而借助社交平台，Zynga的首款战略类游戏Empires and Allies，9天用户即达到1000万。通过在游戏中融入社交传播的属性，可以打通用户的传播通道。社交网络对消费者的影响是巨大的，比如相对于传统的广告，消费者会更加相信社交网络中朋友和家人的建议。可见，社交化产品有着良好的商业拓展性，而且有着可观的商业变现潜质，通过社交关系所创造出的模式能不断地和互联网其他行业结合，并产生价值。随着中国互联网从娱乐型向商务型和实用型的转变，这一点更为凸显。这在腾讯的发展历程中表现得尤为明显。腾讯的成功，通过QQ形成的稳定的社交关系网络厥功至伟。

【案例1.7】

微 信 红 包

2014年1月23日小年夜，支付宝推出了一项相当讨喜的功能——"发红包"和"讨彩头"，但由于这项功能无法分享到微信或其他社交媒体的朋友圈中，因此并没有受到广泛关注。3天后，1月26日，腾讯财付通则在微信推出公众账号"新年红包"，用户关注该账号后，可以在微信中向好友发送或领取红包。

微信红包的玩法极为简单，关注"新年红包"账号后，微信用户就可以发两种红包，一种是拼手气群红包，用户设定好总金额以及红包个数之后，便可以生成不同金额的红包；另一种是普通的等额红包。显然前者受到了更广泛的关注，随着春节的到来，抢红包将带动更多用户的加入。

仅仅两天后，就有未经证实的一个消息开始疯传：1个多月前只有2000万账户绑定微信支付，而通过打车、理财特别是抢红包功能的推出，微信支付的绑定量已经超过了有1亿下载量的支付宝钱包。微信群中抢"新年红包"呈现刷屏之势，并随着春节假期的到来愈演愈烈。

腾讯公关部门提供的数据是：从除夕到初八，超过800万用户参与了抢红包活动，超过4000万个红包被领取，平均每人抢了4～5个红包。红包活动最高峰是除夕夜，最高峰的1分钟有2.5万个红包被领取，平均每个红包在10元内。

思考：微信红包契合了哪些社交元素？

1.5.7 大数据思维

早在1980年，著名未来学家阿尔文·托夫勒便在《第三次浪潮》一书中将大数据热情地赞颂为"第三次浪潮的华彩乐章"。大数据思维带来三个革新：不是分析随机样本，而是分析全体数据；不是执迷于数据的精确性，而是执迷于数据的混杂性；知道"是什么"就够了，没必要知道"为什么"。大约从2009年开始，"大数据"才成为互联网信息技术行业的流行词汇。美国互联网数据中心指出，互联网上的数据每年将增长50%，每两年便将翻一番，而目前世界上90%以上的数据是最近几年才产生的。大数据是当前市场炙手可热的话题，联合国、美国政府、法国政府等组织都对其给予了高度重视，美国奥巴马政府甚至将其上升至国家战略高度。2012年3月29

日，美国政府提出"大数据研究和发展倡议"来推进从大量复杂的数据集合中获取知识和洞见的能力。该倡议涉及联邦政府的 6 个部门。这些部门承诺投资总共超过 2 亿美元来大力推动和改善与大数据相关的收集、组织和分析工具及技术。此外，这份倡议中还透露了多项正在进行中的联邦政府各部门的大数据计划。

随着互联网技术的不断发展，数据本身就是资产，这一点在业界已经形成共识。Facebook 的价值正是数以亿计的用户在使用过程中不知不觉积累的大数据形成的。通过分析用户的喜好、身份资料、个人信息和浏览习惯，Facebook 就能够猜测到每个用户的喜好。比如，你最容易被哪类广告吸引，每个网站页面都有一个"喜好"按钮，哪怕你从来不摁，你的信息也会反馈给 Facebook。这些数据成为企业竞争力和社会发展的重要资源。有了"数据资产"，还要通过"分析"来挖掘"资产"的价值，然后"变现"为用户价值、股东价值甚至社会价值。

大数据时代带给我们的是一种全新的"思维方式"，思维方式的改变在下一代成为社会生产中流砥柱的时候就会带来产业的颠覆性变革。分析全面的数据而非随机抽样；重视数据的复杂性，弱化精确性；关注数据的相关性，而非因果关系。

课外案例 1.2 字节跳动的算法推荐对传统媒体的冲击

【案例 1.8】

塔吉特百货的大数据分析

塔吉特百货是美国的第二大超市。一天，一名男子闯入塔吉特的店铺，他怒吼道："你们怎么能这样！竟然给我的女儿发婴儿尿片和童车的优惠券，她才 17 岁啊！"这家全美第二大的零售商，居然会搞出如此大的乌龙？店铺经理觉得肯定是中间某个环节搞错了，于是立刻向来者道歉，并极力解释说："那肯定是个误会。"然而，这位经理不知道，公司正在运行一套数据预测系统，男子的女儿会收到这样的优惠券，是一系列数据分析的结果。一个月后，那位父亲非常沮丧地打来电话道歉，因为塔吉特的广告并没有发错，他发现他女儿的确怀孕了。

在这名男子自己都还没有发觉的时候，塔吉特居然就已经知道他女儿怀孕了，为什么呢？难道塔吉特有神奇的读心术吗？当然不是。这件事看起来非常不可思议，但背后是有规律可循的。

原来，孕妇对于零售商来说是一个含金量很高的顾客群体，商家都希望尽早发现怀孕的女性，并掌控她们的消费。塔吉特的统计师们通过对孕妇的消费习惯进行一次次的测试和数据分析，得出一些非常有用的结论：孕妇在怀孕头 3 个月过后会购买大量无味的润肤露；有时在前 20 周，孕妇会补充如钙、镁、锌等营养素；许多顾客都会购买肥皂和棉球，但当有人除了购买洗手液和毛巾以外，还突然开始大量采购无味肥皂和特大包装的棉球时，说明她们的预产期要来了。在塔吉特的数据库资料里，统计师们根据顾客内在需求数据，精准地选出其中的 25 种商品，对这 25 种商品进行同步分析，基本上可以判断出哪些顾客是孕妇，甚至还可以进一步估算出她们的预产期，在最恰当的时候给她们寄去最符合她们需要的优惠券，满足她们最实际的需求。这就是塔吉特能够清楚地知道顾客预产期的原因。

塔吉特根据自己的数据分析结果，制订了全新的广告营销方案，而它的孕期用品销售呈现了爆炸式的增长。塔吉特将这项分析技术向其他各种细分客户群推广，取得了非常好的效果，从 2002 年到 2010 年，其销售额从 440 亿美元增长到 670 亿美元。这家成立于 1961 年的零售商能有今天的成功，数据分析功不可没。

那么，塔吉特是怎么收集数据的呢？塔吉特会尽可能地给每位顾客一个编号。无论顾客是刷信用卡、使用优惠券、填写调查问卷，还是邮寄退货单、打客服电话、开启广告邮件、访问官网……所有这一切行为都会记录进顾客的编号。这个编号会对号入座地记录下顾客的人口统计信息：年龄、婚姻状况、子女、住址、住址离塔吉特的车程、薪水、最近是否搬过家、信用卡情况、常访问的网址，等等。塔吉特还可以从其他相关机构那里购买顾客的其他信息，如种族、就业史、喜欢读的杂志、破产记录、婚姻史、购房记录、求学记录、阅读习惯等。这些看似凌乱的数据信息，在塔吉特的数据分析师手里将转换出巨大的能量。

塔吉特是如何分析数据的呢？塔吉特并不知道孕妇开始怀孕的时间，但是，它利用相关模型找到了她们的购物规律，并以此判断某位女士可能怀孕了。

思考：这个案例揭示了什么问题？

1.5.8 跨界思维

互联网时代是一个跨界的时代，每一个行业都在整合，都在交叉，都在相互渗透。随着市场竞争的日益加剧，行业间的相互渗透和融合已经很难对一个企业或者一个品牌清楚地界定它的"属性"，跨界现在已经成为最潮流的字眼。

对于互联网企业来说，最大的机遇来源于跨界融合。当互联网跨界到商业地产，就有了淘宝、天猫；当互联网跨界到炒货店，就有了"三只松鼠"……由于跨界思维，未来真正会消失的是互联网企业，因为所有的企业都是互联网企业了。

本章课后阅读《腾讯传 1998—2016》讨论了跨界问题，故此小节不做详细阐述。

1.5.9 平台思维

全球最大的 100 家企业里，有一半以上企业的主要收入来自平台商业模式，包括苹果、Google 等。互联网的平台思维就是开放、共享、共赢。平台模式最有可能成就产业巨头。

平台模式的精髓，在于打造一个多主体共赢互利的生态圈。将来的平台之争，一定是生态圈之间的竞争。百度、阿里、腾讯三大互联网巨头围绕搜索、电商、社交各自构筑了强大的产业生态，所以后来者如 360 公司其实是很难撼动的。

互联网巨头的组织变革，都是围绕着如何打造内部"平台型组织"。包括阿里巴巴 25 个事业部的分拆、腾讯 6 大事业群的调整，都旨在发挥内部组织的平台化作用。海尔将 8 万多人分为 2000 个自主经营体，让员工成为真正的"创业者"，让每个人成为自己的 CEO（首席执行官）。内部平台化就是要变成自组织而不是他组织。他组织永远听命于别人，自组织是自己来创新。

关于平台，后续章节会详细讲解，因此这里不再赘述。

【本章小结】

当技术环境发生变化时，企业如果墨守成规，忽略技术的影响，即便是已经占有很大的市场份额，也很容易被颠覆。互联网技术的发展，已经颠覆了传统的商业模式。余额宝对传统银行的打击、小米对传统电视机的打击，都已经充分显露出互联网技术的强大力量，因此，本章重点介绍了互联网的四大运行规律和九大思维。

【课外阅读】

吴晓波. 腾讯传1998—2016：中国互联网公司进化论[M]. 杭州：浙江大学出版社，2017.

讨论：

1. 按时间顺序，梳理腾讯的跨界事件，并以年份为时间轴进行标注。
2. 腾讯的跨界事件为什么大部分都是成功的？

第1章
课后习题

第 2 章

商业模式概述

【开篇案例】

逆袭的好利来——从"土味"到"网红"

烘焙行业是一个产品同质化较为严重的行业。提及烘焙食品品牌,消费者总下意识地认为它似乎与高级、时尚无关。但是,就这么看似简单的即买即卖,好利来却做出了大文章,摆脱了土味形象拥抱年轻化,其商业模式和核心价值无疑是值得研究的。

好利来是从二、三线城市起家的,早期蛋糕消费者大都是中高收入群体,好利来线下选址坚持两个大标准:一是在人流密集的地方开店;二是选择物业产权明晰且与企业发展理念一致的业主。它将"前店后厂、现场制作"的模式直接搬到了店内,这给了顾客极大的新鲜感,更重要的是可以根据顾客的需要来设计产品,赢得顾客青睐。最近几年,好利来线上发力显著。好利来的烘焙产品在微博首页、微信朋友圈等各大社交平台上频频出现乃至刷屏,凭借着前卫的包装和可口的糕点吸引着顾客的目光,从众多绞尽脑汁的创意中改良口感,在诸多的竞争中脱颖而出,成为"网红爆款"。

以半熟芝士蛋糕为例,好利来的半熟芝士横空出世,一经推出,就受到了广大甜品爱好者的追捧。这款网红产品是怎么来的呢?2014年,日式甜品以清爽细腻的口感、清新考究的外观在日本年轻一代甜品爱好者中广受欢迎。由此,好利来的主要成员出访日本,在日本许多城市蹲点并进行市场调研许久,决定引进半熟芝士进入中国。此举成功地将国外产品改良以适应中国年轻消费者的口味,并由线上、线下一起发力,在2018年的统计中,好利来的这款半熟芝士蛋糕销量就已经超过1亿枚,稳固了其在行业内的领导地位。

当今社会,如何取悦年轻消费者是一个非常大的话题。可以肯定的是,当今年轻人的思维方式已经和他们的父辈完全不一样了。好利来的营销动作,最常见并最令人印象深刻的就是IP(知识产权)联名。

通过与食品饮料品牌、化妆品品牌、动画IP等多方联动,好利来推出了一大波联名甜品,包括与橘朵的"腮红蛋糕"以及前不久与喜茶联名等多肉葡萄蛋糕等,每逢新联名合作,必引起各路网红争相为它宣传。

2022年8月,好利来推出"魔法世界""妖怪们的怪物书"两款中秋糕点联名礼盒，当月好利来天猫旗舰店的销售额飙涨，线下门店更是动辄售罄，售价高达599元亦经常抢不到，需要预约才有货。2022年9月20日，好利来趁热打铁，与哈利·波特联合推出新品AW22系列，包含预言家日报、霍格沃茨城堡、海格的蛋糕、比比多味豆（糕点）、死亡圣器面包。

这一波操作，着实刺激了哈利·波特粉丝的神经，粉丝不但以购买好利来为豪，更是自发成为好利来的"代言人"，扮演起各大社交平台KOC（关键意见消费者）的角色，为好利来带货。数据显示，从2022年7月31日至10月31日，好利来哈利·波特系列产品在微博、抖音、小红书上讨论量已经达到18356条，交互度也达到219.9万。

近年来，个体崛起下的互联网"社群"营销，对国货品牌的消费体验具有强劲的提升效果，形成了某种趋势化现象。2019年，好利来创始人罗成注册"老板罗成"账号，分享社恐富二代和员工的相处日常。4年时间，罗成的粉丝已经涨至279.3万。一般富二代的人设写照是成熟、稳重、举止言谈间尽显优越气质，与罗成不仅每天穿着随意，跟员工打成一片，甚至内心还有一个网红梦形成巨大的反差，进一步强化了人设。罗成凭借社恐富二代老板人设，拉近了好利来与消费者之间的心理距离，成为好利来又一张圈粉王牌。其个人IP的粉丝，也在不断转化成好利来的私域流量，可谓一举两得。不少粉丝说看多了他的抖音，去好利来就有一种照顾朋友生意的感觉。

由此可见，好利来突破传统烘焙经营模式，走出了属于自己的独立线路。

【思考】

你平时观察或者接触的品牌中，有曾经在传统行业的企业靠着改变商业模式成功捕获年轻消费者的心的例子吗？

【学习要求】

大致了解商业模式的定义和商业模式的发展历程，商业模式的构成要素，常见商业模式，能够初步分析电商企业的商业模式。

2.1 什么是商业模式

2.1.1 商业模式的定义

管理大师德鲁克曾说过：当今企业间的竞争，不是产品之间的竞争，而是商业模式之间的竞争。

那么，究竟什么是商业模式？普遍来说，商业模式是指为实现各方价值最大化，把能使企业运行的内外各要素整合起来，形成一个完整的、高效率的、具有独特核心竞争力的运行系统，并通过最好的实现形式来满足客户需求、实现各方价值（各方包括客户、员工、合作伙伴、股东等利益相关者），同时使系统达成持续盈利目标的整体解决方案。它是对一个组织如何行使其功能的描述，包含大量的商业元素及它们之间的关系，并能显示一个公司的价值所在。用一句话来阐述就是：商业模式，描述与规范了一个企业创造价值、传递价值以及获取价值的核心逻辑和运行机制。商业模式是一个公司或企业在成立之初一般就确立下来的方案和计划，因为它是公司或企业盈利的核心战略。一般来说，商业模式确定了公司或企业出售的产品或服务、目标受众以及运营成本与费用。基于不同的研究视角，商业模式具有多种不同的理解，但简而言之，商业模式就是关于"做什么""如何做"以及"怎样赚钱"的问题。

2.1.2 商业模式的组成部分

商业模式涵盖了在创造价值和传递价值过程中，商业战略和运营管理的所有核心要素。从商业战略层面分析商业模式，主要体现在商业模式对提升企业竞争优势的作用；从运营管理层面分析商业模式，体现在商业模式如何优化运营流程、提升生产率。商业模式的构成有许多要素如图2.1所示。其主要包含以下关键组成部分。

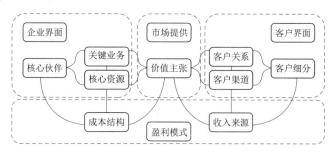

图 2.1　商业模式构成要素

（1）客户群体：明确公司产品或服务的目标受众群体，了解目标受众的市场需求。

（2）产品或服务：根据目标受众的市场需求制定公司产品或服务的类别。

（3）价值主张：明确公司或企业的价值主张。

（4）市场营销：根据目标受众制定不同的市场营销策略。

（5）成本与利润：根据产品或服务的市场表现合理控制成本，有效提升利润。

2.1.3 常见商业模式

常见商业模式有零售商模式、制造商模式、广告支持模式、电子商务模式、共享经济模式等。

（1）零售商模式。零售商模式是相对比较早也是大家比较常见的一种模式，它指的是商店或零售商在销售产品或服务时选择的经营策略或方式，传统的零售商指的是实体店面，但随着互联网的发展，许多线上商店其实也采用这种模式。常见的零售商业模式见于批发商、零售商、直销商和线上商店等。

（2）制造商模式。制造商模式常见于工商业产品，它是产品制造商在生产和销售产品时采用的经营策略和方式。在制造商模式下，制造商往往需要执行一件产品的各个环节，包括原材料采购、产品生产工艺、产品制造等，并最终将其销售给经销商或直接销售给消费者。常见的制造商模式包括批量生产、定制制造和半定制制造等。制造商模式一般常见于制造工业或商业产品，它更倾向于加工制造。互联网时代制造商的显著案例是全球受欢迎的电动汽车品牌特斯拉。

（3）广告支持模式。广告支持模式是目前在互联网最常见的一种盈利模式，但它同样也是传统媒体行业主要的收入来源。一般来说，公司或企业通过免费提供产品和服务来获得人们的关注，然后公司或企业通过展示广告的形式获得盈利。这种模式在互联网公司或企业中最为常见，其通过开发提供免费的网络产品和服务，然后在网络产品或服务中植入网络广告，进而获得用户的点击获得广告收益。随着互联网行业的不断发展，网络广告已经成为许多互联网产品主要的盈利模式，许多搜索引擎就是较好的例子。

（4）电子商务模式。电子商务模式是随着互联网的发展衍生的一种全新的购物模式，它利用计算机网络技术和电子技术，让消费者通过网络就可以完成传统电商的购物交易行为，它包括在线零售和批发、电子拍卖、网络市场和电子服务等。电子商务模式的主要优势在于可以提高市场效率、降低交易成本、提高销售效率、拓展市场等。随着电商行业的蓬勃发展，衍生了非常多的新兴电商模式，如O2O（online to offline，线上到线下）和私域流量运营等。

（5）共享经济模式。共享经济模式是最近几年出现的一种商业模式，是一种基于网络和移动技术的经济模式，其中个人和企业可以利用共享资源与服务来赚取收益。这种模式通常是基于对不同类型的资产和服务的短期借用或租赁。共享经济的主要特点是高效利用资源，提高消费者的生活品质，减少环境负担和降低成本。这种模式可以通过在线平台或应用程序来实现，如自行车共享、器材租赁以及共享经济的知名平台如货拉拉、滴滴出行等。个人或公司通过共享资源和服务从中获得一定的收益。在共享经济模式中，将不同类型的资产和服务作为基础，并将它们短期借用或进行租赁。

虽然公司的概念和企业的运营都已经经历了数百年，但"商业模式"概念的诞生不过几十年。伴随着"商业模式"概念的提出，商业模式的类别也越来越清晰。探索了解更多关于商业模式的资讯，可以帮助个人或企业更好地获得成功。

2.2 人类商业模式发展简述

2.2.1 商业模式变迁——货物贸易视角

商业伴随着人类的生活和文明发展，历史较悠久的有市集货物贸易和异地贩运贸易。

市集货物贸易一开始发生在比较久远年代的原始的部落里，部落里的人们在固定的时间和地点进行交易。后期文明和商业的不断发展，众多发达的部落和村镇都依靠出售货物获利，慢慢形成了交易的固定场所，如街区，成为更发达的市集。市集是最古老的商业模式之一，它是由商人组织，从远近不同地区来参与市集交易，在市集上可以买卖各种物资和服务。市集也是古代商业活动最活跃的模式之一。街坊市集表现为殷实繁荣的社会背景下，无序而自发式的露天集会市场。这种露天市集的形式经过后期的发展改建，许多仍留存至今。这种模式就是今天的市集、交易市场、超市和百货商店的雏形。

随着经济的继续发展，市集不能满足日常经济交换所需，商店应运而生。商店是指在一个地方经营得比较固定的商业经营场所，一般由店主和其他员工组成，其主要业务是出售现成的商品，包括服装、工具等物资。传统百货商店是一种纯柜台式交易，柜台成了顾客与货品之间的横亘。发达国家具有代表性的有英国伦敦的赛尔福吉百货、美国的梅西百货等。这种商业形式自引入中国后也慢慢遍布中国的每一个城市，直到20世纪七八十年代，仍一直占据各城区的地理核心位置。

随着商品经济的发展，货物贸易出现了超级市场（即"超市"）的概念。超市是半开放式的柜台销售模式，让顾客购物成为一种半自我服务的方式，可自行挑选，也可借助售货员的帮助挑选商品，购物行为相对自由和随意。超市是继商店后的更进一步的纯自我服务购物方式。

货物贸易除了固定场所，慢慢发展成为集群效应。古代众多发达城市和村镇都是依靠出售货物获利，即众多的商家组成商业一条街，成为更发达的集市。新兴步行街通常是传统商业老街的新演绎模式，新兴步行街将老街的商业重新整合，它是集中的商业布局设计，通过集中店铺与人流的方式形成一个开放式的商业空间。步行街通常有统一的规划与管理，且业态十分丰富。

如今的商场，融合了购物、美食、娱乐、休闲、文化等，使商业跳出了单一销售商品的传统概念，为消费者提供一种"吃喝玩乐购一站式"的商业综合体。随着互联网经济的深入，以开放的情景体验式设计为主线，将商业空间的场景设计、情境营造、美陈布置、IP化营销以及艺术等进行多元化融合，打造极具体验感的休闲购物场所，为人们提供一种全新的生活、购物方式。越来越多的实体商场开始成为情景体验式商业综合体。

异地贩运贸易是随着人类利用各类交通工具拓宽自己的生活半径而产生的。在古代，因为有些部落驯服了牛和马，发明了马车和牛车。于是越来越多的人开始使用牛车或马车拉着物品到更远的地方交易。这种交易方式极大地促进了古代商业的发展。本书仅列举中西方商业历史上比较著名的贸易片段。

丝绸之路贸易是指古代的陆上和海上丝绸之路上的贸易活动。丝绸之路贸易起源于中国，起初主要是中国与西方国家之间的贸易往来，后来逐渐发展成为一条连接东西方的贸易路线。

陆上丝绸之路主要经过中亚和西亚，沿途经过了中国、哈萨克斯坦、吉尔吉斯斯坦、塔吉克斯坦、乌兹别克斯坦、土库曼斯坦、伊朗、伊拉克、叙利亚、黎巴嫩和土耳其等国家和地区。海上丝绸之路则起始于中国的广州或福建泉州，经过马六甲海峡，连接东南亚、南亚、西亚和非洲的沿海国家与港口。

丝绸之路贸易在交流中促进了中国与其他国家之间的经济、文化和技术的传播与交流。贸易的核心商品是中国的丝绸，此外还有瓷器、茶叶、铜器、药物、铁器等。而西方国家则主要提供一些高级金属、玛瑙等商品。丝绸之路是古代东西方商业贸易的交通干道，这条道路上的骆驼和马车带来的不仅有异域风情的货物，还有不同的科学文化——波斯文明和华夏文明的商品与文化通过这条道路交融升级。唐朝时的西安有东市、西市两大市集，直到2000年后西安城市拆迁才撤除。

丝绸之路的贸易对于中国和其他参与国的经济都有着重要的影响。在中国，丝绸之路的贸易促进了中国的经济繁荣和文化发展，也使丝绸成为中国的重要出口商品。同时，丝绸之路的贸易也促进了中国与其他国家之间的政治和文化交流，推动了东西方文明的交融。随着时间的推移，丝绸之路贸易逐渐衰落，但在21世纪，中国政府提出的"一带一路"倡议重新启动了丝绸之路的贸易合作，旨在加强中国与共建国家的贸易、经济、文化等领域的合作，推动共同发展。

除了陆路，阿拉伯人发明了领先世界的航海技术，使得商品交易的半径大大拓展。在中国宋代，杭州、广州、福州、泉州就是有名的商埠，来往西方的货船在此进行交易。到了元代，泉州、广州等地有大量波斯人长期居住，从事海上贸易。那时的泉州是国际大都市，操着不同口音、有着不同相貌的人士和平相处，共同通过贸易致富。

2.2.2 商业模式变迁——资本视角

当人类历史进入人口数量较为稳定的时期，中西方都开始发展原始的资本市场，商业模式也随之变迁。

明朝的1370年，也就是大明王朝建立的第三年，朱元璋为解决北方边关要塞的粮食问题，颁行了"开中制"。简而言之，就是商人可以向若干北方要塞运送军粮及其他军需物资，然后获得"盐引"，从而拥有合法贩卖官盐的资格。在当时，食盐是官方垄断经营的物资，获得贩卖官盐的资格便意味着"搭上了通往财富自由的快车"。山西地处北疆，有靠近边镇的地利之便，而以运城为中心的河东盐场又是历史悠久的产盐重地。"开中制"推行后，山西商人收粮贩盐，逐渐成为势力庞大的区域性商人群体。这是明清晋商之始。随后，收粮贩盐的山西商人逐渐进入更多的领域，除了贩运茶叶、药材、牲畜、毛皮、铁器等各类货物，也开起了当铺、账局、钱庄，成立金融机构。到清代中期，山西商人开始创设票号，办理国内外汇兑和存放款业务。其后百余年间，山西票号成为中国金融界的"执牛耳者"。

几乎同时，在地球的另一端，1360年一名为乔瓦尼·迪比奇·德·美第奇的意大利人出生在佛罗伦萨一个一直受人尊敬的家族——美第奇家族，它随着城市的繁荣而壮大。就在山西票号商人的前辈们还在收粮贩盐，进行"原始资本积累"的时候，1397年，也就是朱元璋去世的前一年，在遥远的西方，美第奇家族开设了一家金融机构——美第奇银行。和刚完成王朝更迭、实现大一统的大明王朝不同，那时的意大利并未统一，四分五裂，小国林立，除了占据意大利中部大片土地的教皇国，还有佛罗伦萨、威尼斯、米兰等众多城市和国家。其中，佛罗伦萨是当时意大利半岛最大的手工业城市。在乔瓦尼尚未出生的14世纪40年代，黑死病（后世学者认为是鼠疫）横扫欧洲，导致大量人口死亡，地区经济陷入萧条，佛罗伦萨的金融机构纷纷破产倒闭。之后经过几十年的恢复与发展，等到乔瓦尼等人开设银行时，正好填补了市场空白，美第奇银行得以趁势而起。在银行经营上，美第奇银行采用了"复式记账法"这样更为科学、先进的记账手段，同时采用股份制的形式，这与佛罗伦萨地区之前的银行有很大的不同——美第奇银行也因此被不少历史研究者视为现代金融业的"开山鼻祖"。除了经营银行，乔瓦尼家族还开了两家毛纺织厂，同时从事商业贸易。美第奇家族还控制了当地的明矾采矿权。由于当时的佛罗伦萨是欧洲毛纺织业中心,在羊毛染色过程中,用于固定颜色、使颜色附着于织物的最重要矿物就是明矾。控制了明矾采矿权,就在毛纺织业拥有了很大的话语权。到了1420年年底,乔瓦尼的竞争对手斯皮尼家族破产,美第奇银行进一步稳固了打理教廷财务的地位。之后的几年里,美第奇银行不仅成了意大利最成功的商业公司,更成为全欧洲最能赚钱的家族事业。

15世纪开始,随着十字军东征开辟的地中海至欧洲的贸易通道、蒙古人统一辽阔欧亚大陆所促成的东西方交流的加深,阿拉伯人的商业扩张特别是伊尔汗国的蒙古人改信伊斯兰教后,切断了欧洲人陆地和海上的香料贸易路线。欧洲城市的商业能力逐渐增强,以商业所获得的巨额财富强化了欧洲人对商业能力的追求。欧洲人口的增长、城市发展带来扩张、因贸易而了解到世界其他一些地区(如中国、印度等)对潜在巨额财富的渴望;这些因素使得当时的欧洲人的欲望膨胀,进一步所促使了消费能力的增长。此时的欧洲是一个物产相对匮乏的社会,大多数商品,如香料、丝绸、奢侈品等不能自给自足。这促使欧洲商人开始寻找新的交易物产地、新贸易路线、新市场和新产品。那些关于在世界东方到处是黄金的马可波罗传说,更增强了欧洲人发财的狂热梦想,构成了欧洲商业能力成长的内在驱动力。哥伦布和达·伽马成功地发现新大陆和开辟直达东方的新航路,改变了欧洲以地中海为中心的国际贸易格局,奠定了以大西洋沿岸为核心的海洋贸易基础,推动了商业革命和价格革命。

15—17世纪末期,欧洲航海者不断开辟新航路和发现新大陆,人类商业历史翻开了崭新篇章。这个时期称为大航海时代,也称地理大发现时代。地理大发现对全世界,尤其是欧洲和非洲、亚洲产生了前所未有的巨大影响。它让地中海沿岸的经济活动进入数千年来最活跃的时期。起初,地中海的权力和财富掌握在意大利与希腊人手里;随着君士坦丁堡的陷落,奥斯曼土耳其帝国开始显赫于地中海;后来,葡萄牙与西班牙进行了收复失地运动,发现了新航路并进行了环球航行,意大利城邦失去了它们对东方贸易的垄断,欧洲的重心转移到伊比利亚半岛上。19世纪,西欧的法、英、荷三国开始活跃,它们主导了大西洋的经济活动,其中一部分国家的影响力延续至今。

随着远洋探索的展开,跨洋的商业活动变得越来越频繁,海外贸易累积的财富激发欧洲人在美洲和亚洲的殖民事业,促使资本主义与工业革命的发展。此外,在欧洲社会结构方面,商人们先后取代了南欧与西欧的封建领主,成为社会中最具权势的阶层。在英国、法国及其他欧洲国家,资产阶级逐步控制了本国的政治和政府。大航海时代的西班牙,在16世纪至19世纪期间对拉丁美洲和亚洲部分地区进行了殖民统治。在这个历史时期,西班牙殖民地商业贸易活动丰富多样。西班牙主要销售的商品包括贵金属、烟草、咖啡、酒精饮品、植物制品等。这些商品不仅满足了当地人的需求,还被运往欧洲和其他地区进行贸易。西班牙的贸易活动为其带来了巨大的经济利益,深刻改变了当地的贸易结构和生产方式。

1588年,英国击败西班牙无敌舰队后,开始了对北美洲的殖民,建立了哈得孙湾公司和新英格兰殖民地。1600年,英国商人建立了英国东印度公司,随后开始了在印度的扩张。荷兰在16世纪末独立后,迅速发展为世界最大的航海和商业国家,于 1602 年设立荷兰东印度公司，逐渐垄断了与中国、印度、日本、锡兰和香料群岛的贸易。法国则在北美建立了新法兰西殖民地，并在加勒比海占据了数个具有战略意义并盛产蔗糖的岛屿。

英国在北美殖民地进行烟草和棉花的商业种植，法国同样需要向加勒比海岛屿的甘蔗种植园输送人力。而由于种植园的高强度劳动使得奴隶人口净增长为－5%，进口奴隶成本又低于建设医疗保障，因此两国对奴隶的需要也日益扩大。1526 年，英国开始奴隶贸易。环顾英国殖民地，大英帝国简直就是一个岛屿的收藏家，把海洋中邻近大陆的岛屿作为殖民的首选对象，编织了遍布全球的商业殖民网络。这无疑是一个精明的商业策略，即可以利用岛屿与大陆的商业关系，取得大陆上商业利益。另外，近代早期欧洲殖民主义率先以商业贸易开路，其核心是"重商主义"，大家都把贵金属的掠夺视为首要目标。对于英国来说，北美缺乏拉美那样的金银矿产，再加之地广人稀，更难以展开贸易往来。于是，英国的殖民政策开始由商业殖民向农业殖民转变，政府越来越关注英国人在北美殖民地的生存和定居问题。

为了建立稳定而长久的殖民地，单靠零星的个人探险和国家提供保护是远远不够的，通过商业公司进行有规模、有计划的农业殖民是非常有必要的。所以到 17 世纪初，个人探险的方式已经逐渐被商业公司所取代。当时英国有两个影响力较大的商业公司，分别是弗吉尼亚公司和普利茅斯公司。率先向北美殖民的是弗吉尼亚公司，在北美建立了第一块英属殖民地，为英国人的殖民活动提供了榜样。另一块大殖民地位于东北部的新英格兰，是清教徒在 1620 年建立的。从 1607 年到 1733 年，英国在北美东起大西洋沿岸西迄阿巴拉契亚山的狭长地带共建立了 13 块殖民地。

【案例 2.1】

徽 商 的 兴 起

徽州处"吴头楚尾"，属边缘地带，山高林密，地形多变，开发较晚。汉代前人口不多，而晋末、宋末、唐末及中国历史上三次移民潮，北方迁移到皖南徽州大量人口。人口众多，山多地少，怎么办？出外经商是一条出路。

丰富的资源促进了商业发展。徽商最早经营的是山货和外地粮食。如利用丰富的木材资源用于建筑、做墨、油漆、桐油、造纸，这些是外运的大宗商品，茶叶有祁门红、婺源绿名品。外出经商主要是经营盐、棉（布）、粮食等。明清是我国商品经济较发展的时期，明清已有资本主义萌芽，这是徽商鼎盛之时。唐代，祁门茶市十分兴盛。南唐，休宁人臧循便行商福建。宋代，徽纸已远销四川。南宋开始出现拥有巨资的徽商，祁门程承津、程承海兄弟经商致富，分别被人们称为"十万大公""十万二公"，合称"程十万"。朱熹的外祖父祝确经营的商店、客栈占徽州府（歙县）的一半，人称"祝半州"。一些资本雄厚的大商人还在徽州境内发行"会子"。

元末，歙县商人江嘉在徽州发放高利贷，牟取暴利。元末明初的徽商资本，较之宋代大为增加，朱元璋入皖缺饷，歙人江元一次助饷银 10 万两。成化年间，徽商相继打入盐业领域，一向以经营盐业为主的山西、陕西商人集团受到严重打击，于是徽商以经营盐业为中心，雄飞于中国商界。

明代中叶以后至清乾隆末年的 300 余年，是徽商发展的黄金时代，无论营业人数、活动范围还是经营行业与资本，都居全国各商人集团的首位。当时，经商成了徽州人的"第一等生业"，成人男子中，经商占70%，极盛时还要超过这个占比。徽商的活动范围遍及城乡，东抵淮南、西达滇、黔、关、陇，北至幽燕、辽东，南到闽、粤。徽商的足迹还远至日本、暹罗、东南亚各国以及葡萄牙等地。

思考：
(1) 提起徽商，你能想起有名的人物吗？
(2) 请描述其商业帝国的建立。

2.2.3 商业模式变迁——工业革命视角

蒸汽机的发明驱动了第一次工业革命，流水线作业和电力的使用引发了第二次工业革命，半导体、计算机、互联网的发明和应用催生了第三次工业革命。在社会和技术指数级进步的推动下，第四次工业革命的进程开启。这一轮工业革命的核心是智能化与信息化，进而形成一个高度灵活、人性化、数字化的产品生产与服务模式。

第一次工业革命始于1775年瓦特改造蒸汽机。由一系列技术革命引起了从手工劳动向动力机器生产转变的重大飞跃。随后自英格兰扩散到整个欧洲大陆，19世纪传播到北美地区。此前哥伦布大交换导致欧洲人口爆炸，社会生产需求大增，城市化与纺织业是工业革命的前提，蒸汽机、煤、钢和金融为促成工业革命技术加速发展的四项主要因素。随着封建制度于18世纪初在西方消失，贵族及大地主所享有的各种特权（如贸易专利）也相应消失。此类变革推动了自由贸易，形成了更大规模的市场，使工商业的发展更为蓬勃。在这种改变下，旧有的家庭式工业生产模式已不能满足贸易发展的需要，所以人们便致力改进生产技术和生产模式以增加产量，因而引发了工业革命。

第二次工业革命始于19世纪末的电气化革命。以电力的发现和广泛应用为标志。第二次科技革命的成果和应用：发电机、电灯、电车、电影放映机、电话、内燃机、柴油机、内燃机驱动汽车、内燃汽车、远洋轮船、飞机、无线电报等相继发明以及电力工业、化学工业、石油工业和汽车工业等应用，人类开始进入电气化时代。弗雷德里克·温斯洛·泰勒的《科学管理原理》成为现代管理学的基石，在这期间提出了标准作业、标准成本等重要的概念，也成为管理会计的雏形，在实践中出现了非常著名的"福特流水线"。

【案例2.2】

福 特 流 水 线

福特汽车公司建立后，于1908年推出了福特T型车。T型车推出后热卖，火热程度超乎预期。尽管福特汽车公司一再公告生产排程已满，无法交付更多订单需求，但仍挡不住订单像雪花般涌过来。

需要说明的是，在流水线之前，汽车工业完全是手工作坊式的，会装配的师傅是稀缺资源，其他工人负责找零件，协助完成装配，效率比较低，每装配一辆汽车要728个人工小时，这个速度难以满足火热的市场需求。供需悬殊，倒逼了生产模式的变革。福特汽车从零件到部件再到成品，逐步从小变大，就像许多支流最终汇聚成一条大河一样，各个部件装配的支流汇合起来，到最后进入总装配线，汽车整车就像流水一样，源源不断地涌下生产线，流出车间，走向市场，交到消费者手中。以流程为本、保证流程本身的顺畅和效率是流水线生产的精髓。运用这些原则，工人减少了无谓的思考和停留，把动作的复杂性减少到最低程度，几乎只用一个动作就完成一件事情。

这正如福特在《福特自传》中描述："只需按工序将工具、人排列起来，以便能够在尽量短的时间内完成零配件的装配。"装配线的工作原理，实现了产品制造方式的标准化，降低了对手工作坊中装配师傅技能的依赖，工人无须动脑就可以完成单一而简单的工作，从而提高了工作效率、降低了成本、实现了机械化的大批量生产。生产流水线上马后，生产效率倍增。1913—1914年，福特汽车的产量翻倍有余，但工人数量不增反降，从1.4万多人减少到1.28万人。效率提高，成本下降，汽车开始进入寻常百姓家。神奇的流水线生产，从汽车工业逐渐推广到其他行业，成为制造业的标配，演变成一次工业革命，开创了科学管理的新时代，后世称之为"福特制"。科学管理，泰勒进行了理论上的创建，而福特采取了实践上的行动，两人的观点极其相似，都是流程管理的源头，对全世界产生了巨大的影响。

思考：卓别林的电影《摩登时代》迄今已有100余年，请观看这部影片，并交流感受。

第三次工业革命始于20世纪50年代的计算机革命。信息技术得到了广泛应用，这一时期代表性的著作是钱德勒的《规模与范围》，企业管理的理论、体系、方法和工具得到了前所未有的丰富，作业成本法（activity-based costing，ABC）、经济增加值（economic value added，EVA）、平衡计分卡、战略地图等管理方法和工具得到广泛的应用，信息化与工业化的融合产生了巨大效益，以准时生成为代表的"丰田模式"成为典范。

及时化生产技术（just in time，JIT），又称及时生产，是一种生产管理的方法学，源自丰田生产方式。通过减少生产过程中的库存和相关的顺带成本，改善商业投资回报的管理战略。20世纪50年代初，日本丰田公司研究和开始实施的生产管理方式，也是一种与整个制造过程相关的哲理思想。它的基本思想可用现在已广为流传的一句话来概括，即指在需要的时候，按需要的量生产所需的产品。这种生产方式的核心是追求一种无库存的生产系统，或使库存达到最小的生产系统。为此而开发包括看板在内的一系列具体方法，并逐渐形成了一套独具特色的生产经营体系。准时生产方式在最初引起人们的注意时曾被称为丰田生产方式，后来随着这种生产方式被人们越来越广泛地认识、研究和应用，特别是引起西方国家的广泛注意以后，人们开始把它称为JIT生产方式。从20世纪70年代起，丰田汽车公司将丰田的交货期和产品质量提高到了全球领先的地位，这充分展示了JIT的力量。

虽然准时化生产方式诞生在丰田汽车公司，但它并不是仅适用于汽车生产。事实上，通过JIT思想的应用，企业管理者将精力集中于生产过程本身，通过生产过程整体优化、改进技术、理顺物流、杜绝超量生产，消除无效劳动和浪费，有效地利用资源，降低成本，改善质量，达到用最少的投入实现最大产出的目的。JIT生产方式作为一种彻底追求生产过程合理性、高效性和灵活性的生产管理技术，它已被广泛应用于世界上许多汽车、机械、电子、计算机和飞机制造等行业中。为了满足及时制度的目标，生产流程依赖标记符号，或称看板管理，看板的作用是告诉工人，什么时候该进行下一个流程。一般来说，看板也可以改为简单的视觉符号。如果运用得当，JIT可以帮助企业持续改进生产流程，提高生产型企业的投资回报率、质量、效率、员工参与度，以及产品流动速度。

及时化生产技术带来了零售商和顾客管理系统的变化。供应商管理库存（VMI）的原理与及时制度的原理类似。但是，管理库存的人不是生产者，而是零售商，不管是生产者管理零售商的库存，还是零售商管理生产者的库存，最终的管理角色都归于零售商。这种商业模式的一个优势就是，零售商可以对生产环节获得经验，让他们更好地预测需求量和所需的库存。库存计划和控制，可以用简单的应用程序控制，让零售商的库存资料随时反馈到生产线上。顾客管理库存（CMI）系统不同于零售商管理库存，是让顾客有决定库存的权利。这和及时制度的概念类似，大客户可以预测需求量，从而随时让生产线和零售商了解，从而管理库存。

今天，以云计算和大数据为代表的新IT正在改变世界发展进程，推动全社会进入第四次工业革命浪潮。德国政府于2011年公布工业4.0这个术语。在这个时代，新IT大大提高了企业的生产力，而传统的管理方式和经营模式明显成为一种桎梏，以共享经济、智能制造为代表的新生力量和新商业模式对企业管理、财务、会计等工作提出了新的要求和挑战。

扎根于物联网、云计算、人工智能（AI）、虚拟现实、增值制造、机器人等突破性技术，工业4.0充分整合、优化虚拟和现实世界中的资源、人才和信息，致力于打造高灵活度、高资源利用率的"智能工厂"，实现从产品开发、采购、制造、分销、零售到终端客户的连续、实时信息流通。这条贯穿整个商业价值链的"数字线程"，大大提高了信息透明度，实现运营成本大幅降低、产品高度个性化及灵活高效的制造与产品开发流程，并促进商业模式的创新。

工业4.0是新一代信息技术在工业领域的应用，它要解决的是传统工业在产品创新速度、物流供应、销售渠道、质量管理和生产规模上的瓶颈问题，通过新一代信息技术所带来的便捷和智慧，解决互联网经济时代的工业大规模定制的问题。大规模，要求的是标准化，这是传统工业已经解决的问题。定制，要求的是个性化，这是新工业时代提出的新需求，大规模化和定制化本身是矛盾的，如何实现矛盾的对立统一？这需要智慧进行平衡，这正是新一代信息技术应用所要解决的核心问题。

互联网、物联网、社交网络等技术能整合线上线下各类合作资源，甚至是客户资源，实现在产品创新、生产制造、销售等环节的规模化与个性化的统一。

以产品为例，在工业4.0的产品创新中，是面向产品生命周期的产品创新，是以用户为中心的产品创新，是用户积极参与到创新过程的快速迭代式创新，是用户和上下游合作伙伴共同参与的开放式、协同式的众包、众筹的创新。小米手机的开发就是一个典型例子，用户讨论产品的功能、外观，产品测试版供用户试用和点评，以此快速迭代创新，最终完成产品的快速创新。

以供应链为例，目前中国内地的主流电商平台，可以保证货物次日到达，这是依靠其智能化的供应链体系。通过供应链数据的预测分析，能够预测各个配送店的货物需求，提前备货，保证客户次日收到货物。

以营销为例，数字营销本质上是以互联网用户流量为依托、以数据智能为驱动的产品和品牌营销新手段，以及由此发展而来的营销服务新业态。数字营销依托数智技术和数字平台渠道，助力企业精准定位、导流和运营目标用户群，吸引"注意力"，激发下单行为，积蓄客户黏性和市场口碑，以较低的交易成本和较优的投入产出模型，实现"效果＋品牌"结合的品效营销目标。

营销和销售是所有企业、更是中小企业的生命线和爆发点。在因疫情而加速的线上线下深度融合新阶段，数字营销切中了"注意力资源"与企业"生存""效益"直接挂钩的营销数字化环节，成为企业最有意愿投入、产出效果最直接的数字化领域，不仅为挑战重重的中小企业数字化转型找到较优切口，而且激励有实力、有魄力的企业以数字营销为牵引，优化基于增长、品牌、人才的营销资源配置，催生以用户为导向、以数据为驱动、以价值为根基的商业理念和企业战略变革。相反，不积极跟上数字营销变革乃至商业战略变革大势，企业在生存发展竞争中绝对失速、相对失速的可能性越来越大。

期待企业管理者注重深度理解数字商业的本质，支撑企业管理者根据市场变化，动态地设计出高盈利的商业模式，从客户思维、利益共赢、数字化、平台模式、指数思维、循环商业六大要点出发，围绕商业元素的重要性进行排列组合，指导企业不断革新自己的商业模式，对外关注客户导向和营销增长，对内强调数字化组织构建与人才能力提升，动态地、便捷地满足客户需求，不断为客户创造新的价值，使企业在当下激烈的市场竞争中胜出。

当今时代，人类面临着纷繁复杂的挑战，其中最严峻、最重大的挑战莫过于如何理解并塑造本次新技术革命，这不亚于人类的一次变革。这次革命刚刚开始，正在彻底颠覆普通人的生活、工作和互相关联的方式。无论是规模、广度还是复杂程度，第四次工业革命都与人类过去经历的变革截然不同。

当今人群尚未完全了解这次新技术革命的速度和广度。仅以移动设备为例，如今，移动设备将地球上几十亿人口连接到了一起，具有史无前例的处理和存储能力，并为人们提供获取知识的途径，由此创造了无限的可能性。另外，各种新兴突破性技术出人意料地集中出现，涵盖了诸如人工智能、机器人、物联网、无人驾驶交通工具、3D（三维）打印、纳米技术、生物技术、材料科学、能源储存、量子计算等诸多领域。尽管其中很多创新成果还处于初期阶段，但是在物理、数字和生物技术相结合的推动下，它们在发展过程中相互促进并不断融合，现在已经发展到了一个转折点。各行各业都在发生重大转变，主要表现为：新的商业模式出现，现有商业模式被颠覆；生产、消费、运输与交付体系被重塑。社会层面的一个范例是，我们的工作与沟通方式，以及自我表达、获取信息和娱乐的方式正在发生改变。同样，政府、各类组织机构以及教育、医疗和交通体系正在被重塑。如果可以用创新的方式利用技术，改变人们的行为和生产、消费体系，就有望为环境再生和保护提供支持，避免因外部效应产生隐性成本。无论从规模、速度还是从广度来看，本次技术革命带来的变化都具有历史性意义。新兴技术的发展和运用还存在巨大的不确定性，这意味着我们尚不清楚本次工业革命将如何推动各行业变革，但变革的复杂性和各行业的互联性表明，国际社会所有利益相关者，包括政界、商界、学术界和公民社会在内，都有责任共同努力，加深对新兴趋势的理解。习近平总书记在党的二十大报告中强调，高质量发展是全面建设社会主义现代化国家的首要任务。因此把握新技术革命的重大机会，对推动高质量经济发展具有重要意义。

【案例 2.3】

数字化时代的国际营销案例——SHEIN 成功的经验

　　SHEIN 是一家中国服装跨境电商，他们的成功经验阐述了数字化时代企业如何在国际营销中获得竞争优势。这家中国企业早期在欧美市场主要经营婚纱，发展至今以电商形式经营全品类服装，甚至令亚马逊都感到了竞争的危机。欧美市场的消费者打开手机 SHEIN 的 App，发现服装价格便宜得令人惊讶。10 年前在美国的沃尔玛，还能够买到 9.99 美元，甚至 4.99 美元一件的 T 恤和短袖衬衫，而现在由于物价上涨已经很难有这种价位了。但是 SHEIN 上可以买到，甚至还有三五美元一件的当季新服装，一条连衣裙不到 10 美元，一条牛仔裤不到 20 美元，一件外套不到 30 美元。不仅中国消费者对价格敏感，实际上，对于全世界的客户，都是价格越低，越会成为优先选择。

　　之前有很多案例研究过西班牙服装企业 ZARA，其在 21 世纪初之所以成功，是因为它整合了全球供应链，实现了快时尚。当时还处于信息时代早期，能够迅速地捕捉到顾客时尚偏好的变化已经非常成功了。而如今的数字化时代，企业可以通过数字化手段了解顾客的消费动机和偏好，甚至可以预测他们的消费倾向和行为趋势。如果说 ZARA 代表的是快时尚（后来还出现了超快时尚），那么今天以 SHEIN 为代表数字化全球企业创造的就是"即时时尚"，几乎在客户还没有意识到时，他们喜欢的服装就已经生产出来，并且出现在他们的手机屏幕上。

　　2020 年，SHEIN 销售额已经接近百亿美元，一件衣服的营业收入仅几美元，可见其销售数量之巨。过去几年中，每一年都实现了超快增长，现在的增长速度依然没有放缓。在苹果应用商店购物类的 App 中，在涵盖 56 个国家的排名榜上，SHEIN 的下载量一直居于首位，在很多国家苹果电商类应用 App 的下载排行榜上也一直名列前 5，这些都足以说明 SHEIN 受欢迎的程度，同时还拥有很大的顾客量和粉丝量。自 2021 年 2 月中旬以来，SHEIN 在全美购物 App 排行榜上，仅比亚马逊稍低一点。亚马逊品类较全，SHEIN 只卖四大类服装：女装、大码女装、男装和童装。仅凭单一品类就能够在电商排行榜上仅次于综合类亚马逊，达到第二下载量，说明受众群体之大。另外一个统计数据是网站流量，在全球时装与服饰类的网站当中独占鳌头，连阿迪达斯、lululemon、梅西百货、ZARA 等品牌都无法望其项背。其网站不仅浏览者众多，且在网站逗留的时间也高于几乎世界各大主流时尚品牌。不仅作为乘数的浏览量大，同时作为被乘数的停留时间也长，平均消费额也多，结果可想而知。其网站上服装单价便宜，消费者很容易动辄购买 10 件至 20 件衣服，即便是中低收入人群，在换季购衣时也没有太大压力。

总结SHEIN成功的经验，首先它瞄准的目标客群是所谓的"Z世代"，即"95后"一代，这一代人的服装消费心理已被SHEIN研究得比较透彻；其次它采用了具有中国特色的营销经验。学过市场营销的都知道科特勒教授、读过他的营销学教科书。从20世纪90年代开始，中国企业从最开始跟着欧美教科书学习模仿，到二三十年后的今天，中国企业开始创新并且输出自己的商业模式，如拼多多TEMU模式。当然，模式输出需要条件，需要土壤适合，才能移植成功。SHEIN的经营领域就特别适合，欧美服装消费者购买心理和行为的土壤与中国国内形成的、比较优势的营销模式非常吻合。另外，SHEIN在竞争对手亚马逊上开店，利用亚马逊海量的平台资源进行引流的同时，更加注重建设自己的电商私域，打造自己的客户资源和数据池。在众多服装品牌中，SHEIN建起的私域流量独占鳌头，远远高于其他同类企业。

SHEIN的低价和快速优势来源于垂直整合的供应链，以及实时的数据共享。整合的供应链带来的低廉成本、选择的多样性以及极高的顾客留存度造就了SHEIN的成功。

思考：

（1）SHEIN的独特之处在哪里？

（2）请分析SHEIN的商业模式。

2.3 商业模式创新

2.3.1 商业模式创新的定义

创新，通常是指创造、开发或引入新的思想、概念、产品、服务、技术或方法的过程。它可以是一种全新的创造，也可以是在现有的基础上进行改进和变革。创新可以发生在任何领域，包括科学、技术、艺术、教育、商业等。

创新通常涉及以下几个方面。

（1）创造性思维。创新需要创造性思维，即能够产生新的想法和观点，并将它们转化为实际的创新解决方案。

（2）解决问题。创新的目的通常是解决现有问题或满足用户的需求。通过创新，可以提供更高效、更便捷、更可持续或更具竞争力的解决方案。

（3）突破和颠覆。创新常常涉及对传统方法、业务模式或思维方式的突破和颠覆，从而带来显著的变革和进步。

（4）提高价值。创新可以通过改进产品、服务或业务流程，提升其价值和市场竞争力。它可以创造新的市场机会，提高效率和生产力，增加利润和增长。

（5）探索新领域。创新也可以为新领域的探索和发展提供机会，推动社会和经济的进步。

创新是驱动社会、经济和科技发展的重要力量。不断的创新有助于激发创造力、促进竞争、应对挑战，并为个人、组织和社会带来持续的发展和进步。

商业创新是指在商业领域中引入新的思想、方法、产品、服务或业务模式的过程。商业创新可以涉及多个方面，如市场开拓、产品创新、生产流程改进、营销策略更新等。其目的是寻找并开发新的商业机会，提升企业的竞争力和市场份额。商业创新可以通过改进现有产品或服务，开发新产品或服务，改变组织结构或业务模式，利用新的科技手段等方式来实现。同时，商业创新也需要有效的管理、市场洞察力和敏捷性，以适应快速变化的商业环境。

课外案例 2.1
美团点评的
商业模式
创新

2.3.2　商业模式创新步骤

要进行商业模式创新，可以考虑以下步骤。

（1）深入了解市场和客户需求。研究市场趋势、消费者行为和需求，了解行业和竞争对手的商业模式，并发现现有模式中的痛点和机会。

（2）创造性思考和创新想法。鼓励团队成员和利益相关者提供创新想法，运用创造性思维和设计思维来重新审视现有模式，并思考如何改进、扩展或颠覆传统方式。

（3）实施实验和验证。选择一个创新想法进行实验和验证。这可以通过小规模试点项目、原型测试或市场调研等方式进行。根据反馈和数据结果，对初始模型进行补充或调整。

（4）定义新商业模式。基于实验和验证的结果，定义新的商业模式。这包括确定核心价值主张、盈利模式、客户细分、合作伙伴关系等要素，并将其整合成一个整体的商业模式。

（5）推动实施和转变。将新商业模式逐步应用到实际业务中。这可能需要改变组织结构、调整流程和资源配置，并与相关利益相关者进行沟通和合作。

（6）持续学习和改进。商业模式创新是一个持续的过程，需要不断进行学习和改进。定期评估和监测新模式的效果，并根据市场变化和反馈作出调整和优化。

总之，商业模式创新需要创造性思维、市场洞察力和实验验证的能力。通过持续的实践和改进，可以找到适合企业发展和获得竞争优势的创新商业模式。

2.3.3　商业模式创新常见阻碍及陷阱

商业模式创新虽然带来了许多机会和好处，但也面临一些挑战。以下是一些常见的阻碍。

（1）传统观念和思维定式。传统的商业模式在长期的运作中已经形成了一套固定的思维模式，企业和管理者可能对于创新和改变持保守态度，缺乏对新模式的认识和理解。

（2）组织结构和文化限制。企业的组织结构和文化往往是创新的障碍。创新涉及跨部门合作、灵活的决策流程和快速反应能力，而传统的组织结构和文化可能会限制这些创新活动的发生。

（3）技术和资源限制。商业模式创新常常需要投入大量的资源和技术支持，包括研发、人力、资金等。对于一些中小型企业来说，资源的稀缺和技术的不足可能成为创新的阻碍。

（4）法律和政策限制。一些创新商业模式可能涉及法律和政策的限制，企业需要遵守相关的法规和规定。如果相关法规对于新模式的适应性较差，可能会成为创新的阻碍。

(5) 市场竞争和不确定性。商业模式创新往往需要面对市场竞争和不确定性。创新的模式可能面临市场接受度不高、竞争对手的挑战、产业生态的不确定等问题，这些都会对创新活动造成一定的阻碍和风险。

在创新的同时，企业和个人需警惕风险，避开一些商业模式陷阱。商业模式陷阱指的是在设计或执行商业模式时容易遇到的常见挑战或错误。以下是一些常见的商业模式陷阱。

（1）陷入传统思维。过于依赖传统商业模式或观念，忽视了新的市场趋势和变化。这可能导致错失创新机会或无法应对竞争挑战。

（2）盲目追求规模。过于追求规模扩张和市场份额，而忽视盈利能力和可持续性。这可能导致资源过分分散，无法实现盈利或面临财务困境。

（3）忽视客户需求。不充分理解客户需求和痛点，开发的产品或服务与市场需求不匹配。这可能导致低销售、低用户接受度和失去竞争优势。

（4）依赖单一盈利模式。只依赖单一来源的盈利模式，容易受到市场波动或竞争压力的冲击。多样化盈利模式可以提升稳定性和抵抗力。

（5）忽视商业模式创新。未持续进行商业模式创新和改进，导致企业落后于竞争对手和市场变化。持续的创新可以帮助保持竞争优势和适应新环境。

（6）缺乏合作伙伴和生态系统。忽视与其他组织的合作伙伴关系和建立健全的生态系统网络。合作伙伴可以提供资源、扩大市场份额和共享风险。

（7）高度依赖技术。对技术的过度依赖，忽视用户体验和市场需求。技术是实现商业模式的工具，但需要与用户需求相匹配。

（8）忽视可持续性和社会责任。只追求短期利润，忽视企业的可持续性和社会责任。出于长远发展考虑，应关注环境、社会和道德问题。了解并避免这些商业模式陷阱，有助于构建更强大、灵活和可持续的商业模式，提高企业的竞争力和成功概率。

2.3.4 中西商业模式创新比较

西方商业模式创新通常涉及以下几个方面。

（1）平台模式。平台模式是一种基于互联网和数字技术的商业模式，通过提供平台和基础设施，促成买卖、交流和合作。例如，Uber 和 Airbnb 等企业就采用了平台模式，通过在线平台连接乘客和司机，提供共享出行或共享住宿服务。

课外案例 2.2
网易云音乐
的社区化运
营模式

（2）订阅模式。订阅模式是一种基于定期付费的商业模式，用户可以根据需求定期订阅服务或产品。这种模式可以提供稳定的收入流，并与用户建立持久的关系。许多媒体和软件企业，如 Netflix 和 Spotify 等就采用了订阅模式。

（3）共享经济模式。共享经济模式基于资源共享和利用闲置资源的理念，通过在线平台连接资源提供者和需求者。共享经济模式改变了传统的所有权概念，通过共享和互助提供了更具经济效益的解决方案。共享经济平台如 Uber、Lyft 和 TaskRabbit 等，在交通、住宿、劳务等领域实现了商业模式创新。

（4）基于数据的模式。西方企业越来越重视数据的收集、分析和应用。通过使用大数据和人工智能等技术，企业能够更好地了解客户需求、优化产品和服务，并提供个性化的体验。亚马逊、Google 和 Facebook 等公司就以基于数据的商业模式取得了巨大成功。

（5）社会企业和环保模式。在西方，越来越多的企业开始关注社会和环境问题，并以社会企业的模式进行经营。这些企业注重社会责任和可持续发展，通过解决社会问题和推动环境可持续性来实现商业成功。

西方商业模式创新通常注重技术创新、用户体验、商业生态系统和可持续性发展。通过不断的创新和适应，这些模式为企业带来了新机遇。

中国商业模式创新是指中国企业在商业运作中，通过创新的方式改变传统商业模式，以寻求更高效、更灵活的商业模式。以下是几个例子。

（1）网络电商模式。中国企业如拼多多和京东等通过电子商务平台，将传统的线下零售模式转化为线上商业模式，实现了更高效的交易方式和更广泛的市场覆盖范围。

（2）共享经济模式。中国企业如滴滴出行和共享单车等通过共享经济模式，将个人的闲置资源共享给其他人使用，实现了资源的共享和利用率的提高。

（3）移动支付模式。中国企业如支付宝和微信支付等通过移动支付方式，改变了传统的现金支付模式，提高了支付的便利性和效率。

（4）B2B电商模式。中国企业如阿里巴巴的1688平台等通过B2B电商模式，将传统的采购和销售模式转化为在线平台交易，简化了交易流程，降低了交易成本。

中国商业模式创新的成功主要来自中国市场巨大的规模、消费者需求的多样性以及互联网技术的发展。同时，中国企业也注重与其他企业和创业者的合作，通过开放创新和跨界融合，推动商业模式的创新和发展。

【本章小结】

人类经营公司或企业已经拥有了数百年的历史，丰富的商业类别和商业经验衍生出了诸多商业模式，这为新的企业家或创业者提供了可依据的商业蓝图。了解和探索商业模式有助于公司或企业获得成功，同时在现有商业模式的基础上创新出更多实际可行的商业模式，推动整个商业社会和个人能力的不断发展。

【课外阅读】

[1] 王维. 重构跨境电商：数字时代的全球化实践 [M]. 北京：中国发展出版社，2024.

[2] 三谷宏治. 商业模式全史 [M]. 马云雷，杜君林，译. 南京：江苏凤凰文艺出版社，2016.

第2章
课后习题

第 3 章

平台商业模式概述

第 3 章
平台商业模式

【开篇案例】

房产中介平台的作用

李某,在北京工作多年,近期决定换一套更合适的房子。经朋友推荐,选择使用贝壳找房。李某在平台注册账户后,输入了自己的预算范围——500 万～600 万元,并选择了靠近地铁和配套设施完善的区域。在搜索过程中,他利用贝壳的筛选功能缩小了范围。他特别关注那些有详细图片和用户评价的房源。通过地图功能,他还检查了房源的地理位置和周边环境。当他挑选了几套感兴趣的房子后,贝壳找房为其安排了实地看房。在看房时,他发现其中一套房子虽然价格稍高,但装修新且小区环境优雅。他的家人也觉得这个小区适合他们的需求。最终,李某和卖方就价格进行了谈判。借助贝壳提供的市场数据和经纪人的建议,他提出了一个合理的报价。经过几轮协商,他们达成了协议。签订合同后,李某遇到了一些过户手续上的延迟,但贝壳的客户服务团队迅速提供了帮助,确保了交易顺利完成。搬家时,李某还使用了贝壳找房平台推荐的服务,搬家过程顺利而高效。李某觉得,贝壳找房不仅提供了丰富的房源信息,还在实际操作中给予了很大的支持,帮助他顺利完成了购房目标。诸如贝壳找房这样的房产中介平台在房地产市场扮演着重要的角色,能够帮助买卖双方进行房屋供需的匹配和交易。房产平台是集合了房源信息、房产评估、金融服务于一体的中介平台。如,贝壳找房通过与多家房地产开发商和经纪公司合作,能够提供丰富的房源选择,同时其 AR 看房功能也方便了客户更加直观地了解房源情况。贝壳找房已经连接了 200 多个品牌,数十万服务者,二手房业务覆盖全国近百个城市,可以为买卖双方提供从咨询、委托、带看、签前、签后的全流程服务。

【思考】

(1) 试想,如果没有贝壳找房这样的平台来帮助筛选房源、提供合理报价等服务,买房过程将是如何进行?

(2) 贝壳找房等房产平台,相比传统房产中介,在提高二手房买卖的效率上起到哪些作用?

【学习要求】

理解平台的内涵,理解平台经济和传统经济的价值链区别;了解平台的相关概念,理解平台为什么能够挑战传统经济;了解平台商业模式的创新形式有哪些。

3.1 认 识 平 台

3.1.1 什么是平台

传统生产商均是先设计产品或服务，再制造，投入市场进行销售或交付服务。产品或服务在价值链的传递过程中，每一个环节附加上新的价值。价值链的上游连接供应商，下游连接经销商（通过经销商最终到达消费者），如此形成以某传统企业为核心的产业价值链。这样的产业价值链是单向的、直线式的，各个环节的顺序固定，如图 3.1 所示。帕克、埃尔斯泰恩和邱达利合著的《平台革命：改变世界的商业模式》就将这种线性流动的价值链描述为"管道"（pipeline），来形容传统企业价值链上一个个环节单向地创造和传递价值的过程。资源在管道内单向流动并产生价值，最终输送到消费者手中。

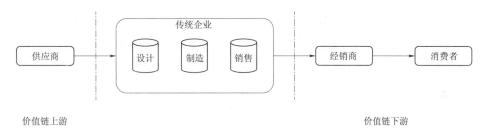

图 3.1 传统企业为核心的产业价值链

陈威如教授和余卓轩的著作《平台战略：正在席卷全球的商业模式革命》中以传统出版业为例描述了线性产业价值链的结构（图 3.2）。

图 3.2 传统出版业的线性产业价值链

从图 3.2 可知，当作者完成书稿之后，交给经纪人。经纪人认为此书能有销量，再递交给出版社。出版社经过编辑、封面设计等工作之后，再送至印刷厂进行印刷，之后经由经销商运到各地的零售书店进行售卖，最终与读者见面。这是一条单向、直线式的产业价值链，从左到右，完成前一个环节才能到达下一个环节，环环相扣，不可逾越。每经过一个环节，成本和利润层层加码。

但平台商业模式的出现，则弯曲了这个管道般的传统产业价值链。以出版行业为例，现在有许多线上阅读平台，如番茄小说、起点中文网、七猫小说等。这些线上阅读平台都是通过互联网提供一个虚拟平台，作者发表文学作品，读者自由选择感兴趣的

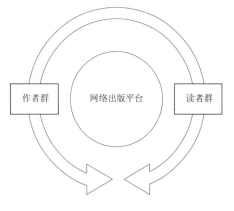

图 3.3 "弯曲"的出版业产业价值链

小说进行阅读。如图 3.3 所示，作者的作品无须受到经纪人的评判或选择，非常方便就能上传到平台，直接与读者见面。对于读者而言，不仅能够接触到各式各样的作品，更重要的是，线上阅读的成本远低于纸质书籍的价格，甚至是免费。作者和读者通过平台还能互动，读者及时表达对作品的喜好、评价、感想等，作者也能根据读者的建议改变创作思路。可见，线上出版平台使得原本处于传统产业链两端的作者群和读者群直接联系，作者多样化的供给与读者多元化的需求通过平台自行匹配。因此，原先不可缺少的审核、编辑、印刷、运输等环节被削弱或取消。

3.1.2 平台的构成主体

有关平台的构成主体问题，可追溯到双边市场（two-sided market）理论。双边市场即由两边不同代理商构成，每一边均通过平台从与对方交易中获利。许多典型的平台都是连接了两类不同的群体，比如淘宝网连接了"卖家"和"买家"，贝壳网连接了"房东"和"买房者"或"租房者"。尽管平台种类繁多，但平台的基本结构都是相同的，以基本的双边模式搭建而成，如图 3.4 所示。供应端用户，通过平台或者利用平台提供的组件进行二次开发，为需求端用户提供所需的产品或服务。供应端用户又称为互补者（complementor）（Eisenmann et al.，2011）。建立在平台之上的产品和服务则称为互补品（complement）。比如苹果平台上的游戏，绝大多数并不是其亲自开发，而是来自全球的众多游戏开发公司。这些游戏开发公司就是苹果平台上的供应端用户（互补者），他们开发的游戏则是互补品。平台上的需求端用户数量，又称为用户安装基础（installed base of users），简称用户基础。

图 3.4 平台基本架构

平台处于平台生态网络中的核心位置。任何平台的结构和运作的背后有两个实体：平台创建者（platform sponsor）和平台提供者（platform provider）。平台创建者不直接与用户打交道，但拥有修改平台技术的权利。他们设计组件和规则，并确定谁可以作为平台提供者和用户参与网络；平台提供者为各方参与者提供平台、组件，遵守平台规则，并负责调解、促进用户之间的交易，是用户与平台的主要联系点。在许多情况下，这两个实体是同一个，如阿里巴巴、Facebook 等都是身兼平台创建者和提供者的双重身份。

在平台生态中承担着这个角色，即为各方参与者进行交易而提供平台、满足各方需求以创造价值的企业，称之为平台型企业，又称为平台领导者，如阿里巴巴、腾讯等。

3.2 平台的核心概念

3.2.1 边

如前所述，平台连接了两个不同的群体：一个群体是互补者，提供产品或服务；另一个群体是用户，对产品或服务有需求。这两个群体都称为边，平台有两个边，即双边平台。如图 3.5 所示。

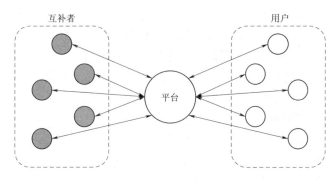

图 3.5 双边平台示意图

连接双边,是平台的重要特征。比如淘宝连接了买方和卖方这两边用户,苹果的 iOS 系统连接了 App 开发商和终端用户。

假设没有此类平台,这两边用户寻找对方通常会面临更高的搜索和交易成本。平台通过促进一边用户找到另一边用户,或促进他们之间的互动来进行匹配和交易。平台对任何一边用户都很有价值,不仅提高交易效率,还降低了交易成本。

如果两个以上不同类型的参与者组使用平台直接交互,该平台则是多边的。淘宝网上其实除了卖家和买家这两边用户,还有第三边用户,即为卖家提供服务的服务提供商。如千牛 App,这是一个基于淘宝网销售数据的电商管理工具,为淘宝卖家提供了一系列营销、运营、客服、数据分析等全方位服务,帮助商家提升店铺的销售效率和客户满意度。但一般在讨论淘宝的多边互动时,卖家和买家之间的关系是讨论的重点,这也是淘宝网上主要的交易关系,所以一般就将淘宝网视为双边平台。

3.2.2 网络效应

3.2.2.1 什么是网络效应

网络效应(network effect)是贝尔电话公司的西奥多·韦尔(Theodore Vail)在贝尔的 1908 年度报告中提出的概念。但网络效应的概念其实是由 3Com 公司的联合创始人的梅特卡夫推广的。梅特卡夫在销售产品时认为,客户要想获得其网络优势,就需要使以太网卡增长到一定临界水平以上。根据梅特卡夫的说法,出售网卡的理由是网络成本与安装的网卡数量成正比,但网络的价值与用户数量的平方成正比。代数表示为成本为 N,值为 N^2。

在经济学中,网络效应其实是一种现象,指的是用户从某种产品或服务中获得的价值或效用取决于使用这个产品或服务的用户数量。如电话、手机等信息产品和服装、皮鞋等产品的最大区别在于,实现用户的满足程度与网络所连接的节点数量规模密切相关。如果网络中只有少数用户,他们不仅要承担高昂的运营成本,而且只能与数量有限的人交流信息和使用经验。而随着用户数量的增加,这种不利于规模经济的情况将不断得到改善,所有用户都可能从网络规模的扩大中获得更大的价值。此时,网络的价值呈几何级数增长。这种情况,即某种产品对一名用户的价值取决于使用该产品的其他用户的数量。经济学家称之为网络效应,或者网络外部性,或称为梅特卡夫定律。

再看一个例子，作为社交平台的微信，对于每个用户来说，它的价值在于已有的用户数量；每增加一个新用户，理论上即增加了他或她与每一个现有用户的联系。因此，平台的价值几乎是呈指数增长而不是线性增长。网络效应的存在，使得积累了更多用户群体的平台将提供更大的价值。

3.2.2.2　网络效应的类别

网络效应的分类有两个维度。从在何处发生网络效应来看，网络效应分为直接效应和间接效应。直接网络效应是指网络参与用户的利益取决于与其进行交互的同边其他网络用户的数量，即当某一边市场群体的用户规模增长时，将会影响同一边群体内的其他使用者所得到的效用。直接效应也称同边网络效应。相反，如果依赖于平台的另一边，即一边用户的规模增长将影响另外一边群体使用该平台所得到的效用，则产生间接网络效应，又称跨边网络效应。

当然，网络效应并不一定都是正向的。从效应是否正向看，网络效应又分为正向网络效应和负向网络效应。当加入新的成员使得其他成员的价值变少，此时网络效应为负向。

下面以淘宝网为例，淘宝网连接着卖家和买家两类用户。大量卖家入驻淘宝网平台，是看中了平台上数亿的活跃买家用户。而买家涌入淘宝网，也是因为该平台上有成千上万的卖家，提供了各种各样"只有你想不到，没有你买不到"的产品。因此，卖家和买家群体之间互相吸引，这就是跨边网络效应。从未在淘宝购物的买家，会因为他/她的朋友在淘宝购物，而对淘宝上的交易产生信任，或者是看到朋友在淘宝上买了个好东西，也要去淘宝网购。这就是同边网络效应。

买家从身边朋友的分享，或其他渠道得到关于淘宝的正面信息，就会更愿意去淘宝购物。卖家看到其他卖家在淘宝开网店收入颇丰，也要到淘宝网开店。这就是正面网络效应。但当卖家过多地入驻淘宝网，势必造成同质化竞争，部分商家经营不善，被迫退出淘宝网。这就是负面网络效应。

3.2.3　多地栖息

多地栖息（multihoming）也是平台中的一个重要概念。平台中的多地栖息是指平台任何一方的参与者都有可能参与多个平台生态系统。无论是供应端用户还是需求端用户，都有可能跨越多个平台。比如，应用程序开发人员可能同时基于 Android 和 iOS 系统开发程序，同一个卖家可能同时在淘宝、拼多多或京东上开设店铺。供应端用户的多地栖息，主要是因为"不能将鸡蛋放在一个篮子里"，在多个竞争平台上运营，能够避免陷入某个亏损平台的弊端。消费者也喜欢使用多个类似平台，以获取更为丰富的产品或服务，或者是比较出性价比更高的产品或服务。买家也不大可能只在淘宝购物，还可能在抖音、小红书、拼多多等平台购物。优酷视频的 VIP 用户，也很可能同时是爱奇艺、腾讯视频等平台的 VIP 用户。

多地栖息现象会降低平台的价格和利润，给平台发展带来特殊困难。因为互补者的产品出现在多个平台，平台就很难利用产品的独特性超越竞争对手。这也是软件行业一直依靠排他性合同和故意的不兼容性来迫使开发人员使用一种开发工具的主要原因。但是平台使用排他协议，有可能因为造成垄断而遭到制裁。2021年4月，国家市场监督管理总局因阿里巴巴强制平台上的互补者商家进行"二选一"对其作出182.28亿元的罚款，同年10月，美团也因"在中国境内网络餐饮外卖平台服务市场滥用市场支配地位"被罚34.42亿元。

【案例3.1】

阿里巴巴垄断被罚182.28亿！

2020年12月，国家市场监督管理总局依据《中华人民共和国反垄断法》对阿里巴巴集团控股有限公司在中国境内网络零售平台服务市场滥用市场支配地位行为立案调查。经查，阿里巴巴集团在中国境内网络零售平台服务市场具有支配地位。自2015年以来，阿里巴巴集团滥用该市场支配地位，对平台内商家提出"二选一"要求，禁止平台内商家在其他竞争性平台开店或参加促销活动，并借助市场力量、平台规则和数据、算法等技术手段，采取多种奖惩措施保障"二选一"要求执行，维持、增强自身市场力量，获取不正当竞争优势。

2021年4月10日，国家市场监督管理总局依法作出行政处罚决定，责令阿里巴巴集团停止违法行为，并处以其2019年中国境内销售额4557.12亿元4%的罚款，计182.28亿元。同时，阿里需要进行全面整改，并连续三年向市场监管总局提交自查合规报告。

思考：

(1) 阿里巴巴为什么要对商家提出"二选一"要求？

(2) 为什么要处罚阿里巴巴的"二选一"行为？

(3) 平台该如何规避用户的多地栖息现象？

当平台使用排他协议强迫供应端用户只留在本平台，很可能要被判定为垄断行为。那该如何规避或降低双边用户多地栖息的行为呢？用户的多地栖息现象严重，表明用户在多个平台间的转换成本很低，因此平台通过一些举措加大平台用户的转换成本。多地栖息涉及的成本包括：学习、搜索、接受替代平台的固定成本，可变的交易成本，以及普通会员费。平台上的互补者和终端用户是否选择多地栖息，主要取决于成本和好处的比较。如平台通过会员制，给会员额外的优惠福利，以此加大转换成本。此外，平台中如果存在很强的跨边网络正效应，也会增加用户的多地栖息成本，防止或减少用户的跨平台行为。

平台会采取一些措施降低用户的多地栖息现象。通常来说，当平台终端用户多地栖息的程度比较高时，平台可以通过定价策略降低用户的多地栖息程度。如图3.6所示，卖家和买家群体都存在多地栖息现象。此时，平台A如果降低交易佣金，卖家相应地会倾向于在平台A进行交易，从而开始断开与平台B的连接。为了在平台A有更多的交易，卖家甚至把部分降低的佣金让利给买家，吸引买家在平台A完成交易，

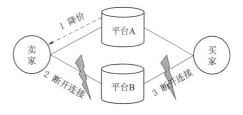

图3.6 通过价格策略减少多地栖息现象

因此买家就会向平台 A 聚拢，逐步断开与平台 B 的连接。

3.2.4 "企鹅"问题与"鸡与蛋"问题

3.2.4.1 "企鹅"问题

当一个新平台进入市场时，它所提供的价值可以被视为一种新产品，将面临不同的用户接受度，可能会出现"企鹅"问题。这是因为终端用户不确定其他人是否也会采用该平台时，因此也不会有采用它的意愿（Farrell et al.，1986）。这可能会阻止大量用户采用某个本来很有希望的平台。之所以称为"企鹅问题"，是因为寻食的企鹅知道潜入水中可以找到食物，但不确定水中是否有潜伏的食肉动物，因此它们互相等待，期待其他企鹅先跳入水中试探风险。以此来比喻用户的心理预期，他们普遍不愿意用自己的时间、精力和金钱进行冒险，而希望他人先去尝试（陈威如等，2013）。

陈威如教授引用埃弗雷特·M. 罗杰斯的著作《创新的扩散》中关于人们在面对新技术或新点子时的反应所呈现出的钟形曲线，来描述平台生态圈内用户市场的发展概括。基于用户对新推出的产品的采纳过程来分类，可以把他们大致归为五类群体。第一类，"创新者"，约 2.5% 的一小群人勇于尝试，乐于在第一时间购买并试用新产品；第二类，"初期采纳者"，他们在评估购买新产品的风险后，仍有意愿在早期加入，这些人约占潜在市场人口的 13.5%；第三类"早期多数人口"与第四类"后期多数人口"各占 34%。他们是所有企业最希望捕捉到的广大群众，也是决定一种新产品能否成为主流的关键。最后是占 16% 的第五类"落后者"用户，他们或许要等所有人采用新产品后，自己才会跟上，或者干脆不采用不熟悉的新产品。当第一、二类用户进入新平台之后，其他用户也跟着不断进入，从而发生"从众效应"。

"企鹅"问题的存在，使得平台在成长初期由于不能获得足够的用户安装而很难打开市场。当新平台的潜在用户群是现有的（也许是次等的）平台的安装群时，"企鹅"问题尤为突出（Farrell et al.，1986）。新出现的优质平台往往因为无法打破用户惯性障碍，而输给早已存在的次等平台（Tiwana，2013）。

3.2.4.2 "鸡与蛋"问题

对于终端用户而言，吸引他们的是平台上互补者提供的产品或服务，而不是平台本身。例如，淘宝购物平台上的买家，吸引他们的是平台上大量卖家所提供的五花八门的产品。而吸引互补者的也不是平台本身，而是平台上存在的大量终端用户。互补者只会把拥有大量最终用户的平台视为有价值的，原因很简单：开发平台上的应用程序具有较高的前期固定成本，但可变成本较低。制作第一份副本可能是一项昂贵的工作，但制作更多副本几乎是没有成本的。因此，应用程序开发人员只有吸引大量用户，才能实现可观的规模经济（Tiwana，2013）。因此，在平台初创时，由于连接的互补者和用户群体都还没形成一定的规模，双边之间缺乏间接网络效应，每一边群体都会因为另一边的缺席而不愿意加入平台。这就是平台在初创期遭遇的"鸡与蛋"问题（"chicken & egg" problem）。

3.2.5 包络

【案例 3.2】

Netscape 如何被微软的 IE 蚕食

1994 年 4 月,网景(Netscape)发布了世界上第一款民用浏览器——Netscape Navigator。在网景之前,只有极少数的人能够使用文字和指令连接极其简单的网络。网景的发布,降低了上网的难度门槛,使大众上网变成了可能。网景迅速拥有近 90% 的市场占有率。首次公开募股当天网景股票从开盘 28 美元每股一度飙升到 74.75 美元。年仅 24 岁的网景创始人马克·安德森在一夜之间成为亿万富翁。

1995 年 6 月,微软试图和网景战略合作,但没有成功。于是微软雇了上千名程序员于 1995 年 8 月推出了第一代 Internet Explore(简称 IE)浏览器。接下来的一年时间里,微软投入 20 亿美元,通过购买、兼并和开发等多种手段,迅速推出了浏览器产品 IE 2.0。

当时,网景浏览器是收费的,一张软件光盘卖 45 美元。为了彻底打败网景,1997 年 10 月,盖茨不顾反垄断法,决定免费发行 IE。半年后,微软宣布把 Windows 95 和 IE 捆绑销售。IE 开始了持续增长,不断蚕食网景的份额。2002 年,IE 浏览器迎来顶峰,市场份额高达 95.4%。微软利用垄断获得了一个新的垄断,说白了,你可以不用网景,但不能不用 Windows。

思考:

(1) 微软的 IE 为什么能取代网景?

(2) 面对微软的攻势,你认为网景该如何应对?

平台型企业成长过程中,可能会采用包络(overlap)策略进行跨界经营,进入相邻甚至看似不相关的新市场,以获取更大的经济效应。包络是指当一个平台包络进入一个新市场时,将自己的平台功能与目标市场的功能结合在一起,以便利用共享的用户关系和共同的组件。包络是平台经济中的广泛现象。例如,腾讯棋牌游戏包络联众。联众在 2003 年曾获"年度最佳国产网络游戏"和"年度最佳网络游戏运营商"两项桂冠,是世界上最大的休闲游戏平台,坐拥 2 亿注册用户,月活跃用户 1500 万,最高同时在线人数 60 万,年收入超亿元。2003 年,腾讯公司的 QQ 游戏中心正式上线。腾讯公司采取跟进策略,提供与联众功能一样的棋牌游戏,并利用其庞大的 QQ 用户安装基础,将 QQ 游戏捆绑于 QQ 聊天软件,使得 QQ 聊天用户结转到游戏平台,从而顺利破除联众已有的网络效应。2006 年第三季度,腾讯 QQ 游戏同时在线人数已高达 256 万,而联众同时在线人数降至仅 50 万人。由此可知,腾讯的包络已成功蚕食棋牌游戏市场份额,企业边界也移动至游戏市场。可见,包络不仅是某平台市场的新进入者发起进攻的重要手段,也是平台型企业跨界融合的主要工具。腾讯正是凭借 QQ 这个聊天工具所拥有的用户基础,从社区网络不停地跨越到游戏、娱乐甚至杀毒软件等行业。阿里巴巴,也是依靠其阿里巴巴、淘宝平台等第三方交易平台所累积的用户基础,逐步向支付、物流、金融等领域延伸。可见,包络也是促成平台市场演变的强大力量。

包络分为水平包络和垂直包络。水平包络是指包络系统和目标市场有基本重叠的客户基础；垂直包络则是指包络系统和目标市场在价值链中占据不同但邻近的链接。垂直包络又可根据价值链上移动的方向分为下游包络和上游包络。

任何两个平台的关系必须是三种方式——互补、替代和功能无关——中的一种（Eisenmann et al.，2011）。Eisenmann et al.（2011）根据这种关系，将包络行为划分为三种类型：互补品（Ⅰ型包络）、弱替代（Ⅱ型包络）和不相关产品包络（Ⅲ型包络）。如图 3.7 所示（图中，A 表示实施包络行为的攻击者平台，T 表示被包络攻击的目标平台）。

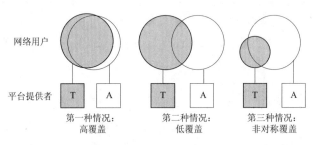

图 3.7　攻击平台（A）与目标平台（T）的用户重叠

Ⅰ型包络中，A 和 T 平台是互补关系，两者的用户基础重叠度高且对称。此时的包络也是成功率比较高的。虽然 WMP 并没有提供比 RealPlay（RealPlay 在 1998 年时候占据 90% 的多媒体播放器市场）好的功能，但是由于用户基础与 RealPlay 大大重叠，用户和内容提供商发现微软 Windows 操作系统捆绑了 WMP 非常吸引人，因此 Windows 的 WMP 成功包络。Ⅱ包络中，A、T 这两个平台间是弱替代关系，满足不同的用户需求。当某些用户在不同场合表现出都有这两种需求时，就可能会选择多地栖息。此时，A 和 T 仅有少部分用户重叠；Ⅲ型包络中，A 和 T 平台分别满足完全不同的需求。虽然无法概括功能无关平台的用户群重叠程度，但 A 和 T 仍然是有可能重叠的，而且重叠是不对称的。Eisenmann et al.（2011）的Ⅲ型包络属于水平包络，而Ⅰ型、Ⅱ型则为垂直包络。

3.3　平台商业模式带来的变革

平台经济中，平台并不只是扮演销售管道的角色，而是扮演了一个全新的创新整个商业模式的角色，利用互联网技术去创造新的商业模式，颠覆传统商业模式。这种颠覆在我们的生活工作中比比皆是。比如滴滴在线打车已成为人们日常出行的主要手段，爱彼迎已成为全球最大的住宿提供商。

3.3.1　平台商业模式突破规模经济的束缚
3.3.1.1　传统企业与规模经济

古典经济学家主要从劳动生产率的提高来解释企业规模的扩张。最早阐述此观点的当属亚当·斯密。他在 1776 年出版的《国民财富的性质和原因的研究》（简称《国富论》）一书中指出，分工提高了每个工人的劳动技巧和熟练程度，节约了由变换工作而浪费的时间。企业作为一种分工组织，就是为了通过分工，以更低的价格获得更高的产量，因此企业能够从分工中获得经济优势。

斯密思想的继承者——穆勒的企业成长理论，主要集中于对企业规模与成长关系的探讨。他认为分工的专业化会因为"采用需要配备昂贵机器的生产工艺"而需要大笔资金，因此企业资本量的大小决定着企业规模的大小，而且规模经济对资本的需要还会产生大企业取代小企业的企业成长趋势。

马歇尔在1890年出版的《经济学原理》一书中提道："大规模生产的利益在工业上表现得最为清楚。"规模经济，是指在一定的产量范围内，随着产量的增加，平均成本不断降低。马歇尔还论述了规模经济的两种类型：一是企业对资源的有效利用、经营管理效率的提高而形成的"内部规模经济"；二是多个企业之间因合理的分工与联合、合理的地区布局等所形成的"外部规模经济"。这两种规模经济共同作用于企业的成长。规模经济理论的典型代表人物还有张伯伦、罗宾逊等。

古典经济学为企业成长指明的方向是，须达到最优产量规模，此时边际成本等于边际收益。边际成本指的是每一单位新增生产的产品（或者购买的产品）带来的总成本的增量。当增加一个单位产量所增加的收入（单位产量售价）高于边际成本时，是划算的；反之，就是不划算的。所以，企业在扩张生产规模时，增加任何一个单位产量的收益不能低于边际成本，否则会出现亏损。因此，工业经济时代的引擎是供应方规模经济。巨大的固定成本和较低的边际成本意味着，实现更高销售量的公司，比竞争对手的平均经营成本更低。卡内基钢铁公司、爱迪生电气公司（即通用电气公司）、洛克菲勒的标准石油公司等工业巨头便是以规模经济取胜的例子。

3.3.1.2 平台型企业与规模经济

其一，互联网经济背后的驱动力是需求方规模经济，也称网络效应。在互联网经济中，实现交易量高于竞争对手的企业，每笔交易的平均价值更高。这是因为网络越大，可用于查找匹配的数据越丰富，供需之间的匹配则越好。更大的规模会产生更多的价值，从而吸引更多的参与者、创造更多的价值，形成良性循环。网络效应使诸多平台保持强劲的发展势头。知名消费咨询机构易观分析发布《2023年跨境进口电商用户消费特征简析》，该报告数据显示，2023年国内进口零售电商平台的全年交易份额中，天猫国际以37.6%的占比，继续排名第一。也就是说，平台型企业的成长不会受到最优规模的限制。这是其一。

其二，平台型企业与传统古典经济学讨论的企业，所涉及的成本内涵并不一样。平台型企业的数据资源，主要以信息成本衡量。信息成本有信息处理、存储和通信三个主要组成部分。信息处理是指设备获取信息并使用该信息执行计算的能力。信息通信是一种将数据从一个位置移动到另一位置的能力。首先，信息成本一直在大幅下降。根据摩尔定律，信息处理能力指数级增长的同时，处理能力价格急剧下降。信息存储的成本大大降低了，信息通信的价格也在快速下降。其次，信息成本的下降吸引更多的参与者，获得更大的用户基础。信息处理、存储和通信成本的降低会给平台型企业带来更多利用模块化技术与标准化接口的产品。不仅如此，平台型企业还可以利用通信功能为其产品开放接口，提供应用程序编程接口和软件开发工具包（SDK），鼓励互补者企业公司为其产品作出贡献。信息成本的降低同时也招致更多终端消费者用户的参与。

其三，信息成本的边际成本接近于零。古典经济学中传统企业的边际成本不为零，当生产规模超过最优产量时，增加的边际成本会大于收益，因此此时规模越大，亏损则越大。而信息成本大幅下降时，用户规模在持续增大。此时，每一增加的用户所平摊到的信息成本几乎为零。例如亚马逊网上书店拥有的图书数量从100万到1000万时，信息处理、存储成本即便增加，但增加的幅度远远低于由于图书数目、种类增加而带来客户数量的激增及相应的营业额剧增。因此，亚马逊网上书店的信息成本的边际成本可以视为零。

对于平台型企业来说，在发展初期要迅速捕获大量双边用户，跨越网络效应的真空地带。只有双边用户群体足够庞大，才能激发出跨边网络效应，平台才能生存。平台上产品、用户信息的边际成本趋于零时，产品数量、客户数量的持续增长不会成为平台型企业发展过程中的约束条件，即平台商业模式下，企业的成长不会像传统企业受到规模经济的制约。

3.3.2　互联网下的平台商业模式对传统商业模式的加减法

刘润教授在《互联网＋战略版：传统企业，互联网在踢门》一书中提出"用户价值＝创造价值＋传递价值"的理论模型，并详细解释了互联网下的平台商业模式，如何给创造价值环节做了加法、给传递价值环节做了减法，从而增加了用户价值。

如图3.8所示，创造价值这部分分为设计和制造两个要素。互联网使得生产商与用户的互动成为可能。用户参与设计，从需求端提出建议。生产商能满足个体用户的个性需求，从而创造出更多的价值。如小米手机，用户可以通过论坛向产品经理反馈需要什么样的功能，小米发起投票让用户来投票，根据投票决定是否更改或增加某项功能。用户参与制造，如微博，每个用户除了阅读其他用户发表的帖子，进行评论转发等，还可以自行发布帖子，即每个用户都成为信息平台上的信息节点，不断生产信息。因此微博平台有比传统媒体更为丰富的内容。再比如有了抖音这样的短视频平台，给了广大的用户一个发挥自身特长的空间，也产生诸多的网红。歌曲《可可托海的牧羊人》因在抖音上走红，还出现在2021年的春节晚会上。

图3.8　用户价值模型

如图3.8所示，传递价值解构成信息流、资金流和物流。我们以淘宝为例，看看淘宝如何在信息流、资金流和物流三个方面做了减法。首先是信息流。有了互联网和移动互联网之后，人们能够随时随地地获取信息。最先被挑战的便是如报社、杂志社等传统信息中介。人们开始通过新浪、搜狐等门户网站，后通过新浪微博、微信等社交软件，迅速获取信息。然后是零售业。有了淘宝之后，人们开始通过逛淘宝获知服装等流行趋势，而不必亲自逛商场。对信息流做了减法之后，减去了传统信息流中的中转环节，使得人们能够更快更多地获取信息。其次是资金流，过去人们购物需要在商场使用现金、信用卡，遇到节假日人多的时候，还得排队等候。而在淘宝购物时，用户在意的是使用支付宝的便捷和安全，而不会在意支付的具体是哪张银行卡。互联网第三方支付也逐渐把银行给"架空"。最后是物流。传统商业物流，商品从工厂通过物流运到商场仓库，再摆放到柜台供消费者选购。而网购改变了这种物流路径，直接从商家运输至消费者家中。菜鸟裹裹网络，还能根据天猫数据，精准选取物流节点，将发货时序做到最佳效率。互联网技术下，平台模式重构信息流、资金流和物流环节，简化这些环节，大大提升了交易效率。

综上，互联网环境下，平台模式对创造价值做了加法，而对传递价值做了减法。习近平总书记在党的二十大报告中强调，必须坚持科技是第一生产力、人才是第一资源、创新是第一动力，深入实施科教兴国战略、人才强国战略、创新驱动发展战略，开辟发展新领域新赛道，不断塑造发展新动能新优势。在平台模式下，我们应该充分利用平台模式，积极创新，促进经济发展。

3.3.3 平台商业模式的创新
3.3.3.1 运用免费策略

免费，是平台企业经常使用的伎俩，这是传统企业不敢轻易使用的价格策略。第5章中提到淘宝与易趣之争，也是靠着免费开店的策略，吸引了易趣的卖家到淘宝上开店。百度上免费搜索信息，优酷上免费观看电视剧，等等。似乎免费才是互联网上这些平台型企业正常的经营模式。

但俗话说，"天底下没有免费的午餐"。所谓的"免费"，只是给你免费，我能从其他人那里赚钱，或者是这部分服务免费了，却还是从那部分服务中赚你的钱。因此，平台的免费无非如下几种情况。

（1）第三方付费。如百度，用户搜索信息无须付费。但是百度已经把用户的关注点卖给了广告商。当用户搜索关键词，出现了一些相关广告，这是广告商购买关键词的缘故。优酷上用户能够看到许多免费的影视节目，但需要看片头的广告，因为广告商为这广告买单了。

（2）部分产品或服务免费。部分产品或服务免费，另一部分则收费。如喜马拉雅上听故事，往往是前面几集故事是免费的，如要继续听，就需要花钱购买。再如优酷、爱奇艺等视频平台，看电视剧的时候，有可能是前面几集免费，后面的则需要付费。

（3）部分会员免费。一部分人免费，另一部分人收费。比如优酷、爱奇艺等视频平台，消费者可以是免费会员，也可以花钱成为 VIP 会员，享受到更多的服务。VIP 会员的费用，是平台的收入，也就是说他们的会费实际上补贴了免费会员。许多游戏平台也是如此，有免费玩家，也有花重金升级游戏道具的玩家。

平台采取免费策略，也是因为信息技术导致平台的产品或服务的边际成本接近于零。平台就在几乎没有成本的前提下，将部分产品或服务免费提供给用户，从而在其他维度找到盈利点。

3.3.3.2 利用用户的社会关系

平台商业模式将社交关系融入购物、旅游等应用，在平台上激发、增值人们之间的社会关系，从而使网络效应爆发出来。今天的腾讯公司世界级互联网巨头，深耕于社交网络、互动娱乐、网络媒体等领域。腾讯自1998年创业，以即时通信工具——广为人知的QQ软件起步。当时也正是中国互联网产业的萌芽期。QQ软件便于人们之间的网上沟通，深受用户喜欢，发布两年后便拥有注册用户1个亿，到2009年，注册用户激增到10个亿。腾讯控股在2024年8月发布的2024年第二季度财报表示，得益于持续创新，QQ的移动终端月活跃账户数5.71亿，环比增长3%。QQ在中国快速增长，一个重要原因就在于激发了用户之间的网络效应。一个用户使用QQ，便会招呼其亲朋好友来一起使用，现实中的社会关系充分体现在了QQ软件上。QQ软件也拉近了人与人之间的关系，每个用户的社会网络随着QQ好友数量的增加而不断增值。又如社交电商的代表拼多多，用户在拼多多看上喜欢的商品，只要拉来亲戚朋友帮忙"砍一刀"。表面上看似乎是利用用户的社交关系，帮助该用户砍价，实则是利用用户的社会关系，将该用户认识的人引流到拼多多平台，使得拼多多上的用户沿着其社会关系发生裂变，并且这些用户之间的互动，引发网络效应。

3.3.3.3 重组价值链

首先是对市场中介的重构。平台其实并不是简单地消灭市场中介，而是替换掉低效的传统中介。平台成为新的中介，收集双方的数据，使用的是智能化、数据化的系统，快速协调交易双方的沟通、匹配和交易，促使供需双方更为高效地进行交易。说电子商务取消了中间商，生产商和消费者直接见面，其实是不太准确的说法。生产商和消费者直接的批发商、零售商等只是被平台取代。没有平台作为中介，生产商和消费者很难取得联系，也很难高效地匹配上。因此，平台只是取代了传统中介的角色，起着高效中介的作用。

例3.1 Airbnb的共享经济平台模式

其次是对价值链的弯曲。如3.1.1所述，平台将传统单向地价值链"弯曲"，使得供需双方越过原先的诸多环节，通过平台直接交易。平台不仅去除了多个环节，缩短价值链，还能更改传统的产业价值链上各环节出现的顺序，从而降低库存成本。传统生产企业的管道价值链上的销售环节在制造环节之后，往往因为对市场需求量的预计不足，造成供应不足或过剩。平台恰恰能通过更改生产和销售环节的顺序，做到零库存。如2000年创立于美国芝加哥的无线T恤公司，设立平台，将设计环节开放给平台外部对设计感兴趣的人，并通过丰厚的奖金吸引设计师向平台投稿。设计稿由消费者投票，最后高票当选的设计图会印制成T恤衫进行贩卖。这样平台能够事先收集消费者意愿信息和定金，将营销环节提前，再进行精准生产，降低亏损风险，实现零库存经营（陈威如等，2013）。

3.4 传统企业平台化的三大模式

3.4.1 C2B模式

C2B（customer to business）模式是指用户需求决定企业相应的价值创造和价值

传递。这与传统电商中的 B2C 模式相反。B2C 模式是企业提供产品和服务，供用户进行选择交易。真正的 C2B 应该先有消费者需求产生而后有企业生产，即先有消费者提出需求，后有生产企业按需求组织生产。通常情况为消费者根据自身需求定制产品和价格，或主动参与产品设计、生产和定价，产品、价格等彰显消费者的个性化需求，生产企业进行定制化生产。C2B 的核心是以消费者为中心，消费者当家作主。

C2B 模式比较典型的平台有拼多多、滴滴出行等。如拼多多，用户自行发起拼单，并通过分享邀请好友一起来拼团。当人数达到要求，便能享受优惠价格。这就满足了用户对产品价格的个性化需求。再如滴滴出行，由乘客发起订单，标明其所在地点和目的地等信息，由司机接单。这是从乘客的需求出发，从乘客角度寻找其附近的出租车。而不像传统出租车司机在街上开着空车，看到谁招手才停下来。这是从司机的角度来找乘客。可见，从 C 端出发，能够获得更好的体验。

课外案例 3.2
滴滴出行的
网约车平台
模式

3.4.2 O2O 模式

简单来说，O2O 模式就是通过线上平台将用户引导到线下进行消费体验的一种商业模式。将线下商务的机会与互联网结合在一起，让互联网成为线下交易的前台。这样线下服务就可以借助互联网来揽客，消费者可以利用互联网来筛选服务，并在线结算。这种模式侧重于服务性消费，可以应用于餐饮、娱乐、美容等除了信息流和资金流在线上完成外，商流和物流主要在线下完成的行业。通过 O2O 模式，企业能够更有效地连接线上线下的商业活动，提供更便捷、更个性化的消费体验，从而吸引更多消费者并提升业绩。O2O 的兴起对保护中小商户有重要意义。通过 O2O，人们可以更加便捷地找到附近的商家和服务，给中小商户带去流量和交易。O2O 平台很多，餐饮类的有大众点评、美团、饿了么等，出行的有滴滴出行等，生鲜市场有叮咚买菜等。

O2O 电子商务商业模式的创新在于实现了线上线下连接。以美团为例，其 O2O 商业模式的创新，既为消费者提供了更便捷的购物和服务体验，又为商家创造了更多的销售渠道和机会。美团的成功主要有几个关键点：首先是由美团自建的物流团队能够进行快速配送。这一创新的配送模式不仅提高了消费者的购物效率和满意度，也为商家带来了更多的顾客和订单。其次是线下实体店铺和线上平台相结合。消费者可以通过美团 App 获取商家信息、商品价格、商家评价等，并进行在线预订或购买。这种线上线下的连接为消费者提供了更丰富的购物选择和更方便的消费体验，同时也为商家扩大了销售渠道、提升了曝光度。再次是数据化经营。通过用户的线上行为和购物记录，美团可以根据消费者的个性化需求和偏好进行精准推荐，从而增加用户重复购买的可能性。同时，美团还可以通过大数据分析商家的运营状况，并为其提供相应的运营建议和优化方案。这种数据化经营帮助商家更好地了解市场需求，并提高运营效率和销售额。

3.4.3 众筹模式

众筹是指企业或个人通过互联网向公众展示他们的创意，争取大家的关注和支持，并获得所需要的资金的一种模式。众筹过程需要有三方参与：筹款人、投资人和众筹平台。筹款人是具有创意项目，需要获得资金的企业或个人；投资人是参与到众筹中的广大互联网用户，他们根据自己的兴趣对筹款人的项目进行投资，达到约定的条件后得到一定的回报；众筹平台则是撮合筹款人与投资人的平台，众筹平台一般会规定当达到某种条件时筹款人筹款成功，在筹款人筹款成功后获得一定比例的收益。

众筹平台很多，如淘宝众筹，这是淘宝旗下的众筹平台，以众筹新品、潮品、文化艺术等为主。爱钱进，国内较早的众筹平台之一，主要涵盖生活消费、文化娱乐、科技创新等领域。

【本章小结】

平台模式"弯曲"了传统价值链，去除了若干环节，并使供应端和需求端用户能够直接沟通和交易。同时也产生了多地栖息、包络等一系列的新名词。对平台及平台相关概念的理解，将有助于我们更好地理解平台商业模式以及后续的学习。

【课后阅读】

[1] 陈威如，余卓轩. 平台战略：正在席卷全球的商业模式革命［M］. 北京：中信出版社，2013.

[2] 刘润. 互联网＋战略版：传统企业，互联网在踢门［M］. 北京：中国华侨出版社，2015.

挑选其中一本进行细读，写一篇读后感。

第 3 章
课后习题

第 4 章

平台商业模式的机制设计

第 4 章
平台生态圈
的机制设计

【开篇案例】

今日头条商业模式的设计

2013 年 3 月,张一鸣的今日头条开始面临资金问题。天使轮和 A 轮拿到的融资,已接近弹尽粮绝,今日头条距离盈利尚有距离,而新的资金又在哪里?张一鸣先后向 20 多位投资界人士介绍其产品,但没人看好今日头条。只有一两家表示略感兴趣,但报价又太低,并不符合张一鸣的期望。

2013 年 3 月,今日头条的第一份正式创业计划书《最懂你的头条——基于社交挖掘和个性化推荐的新媒体》正式出炉。这份计划书共 21 页,囊括了张一鸣与字节跳动对今日头条的所有解析。

计划书的第一页,用一句话讲清楚了产品的价值,那就是"基于社交挖掘"和"个性化"。张一鸣指出泛阅读正在成为移动互联网最主要的用户行为,而泛阅读市场变革的动力和用户的痛点,是来源"多样化的丰富内容与移动时代碎片化小屏幕阅读的矛盾"。在第三部分,张一鸣展示了整个今日头条平台的框架,并将其主体描述为"独创的个性化资讯发现引擎""基于兴趣图谱的个性化数字媒体"。到第四部分,创业计划书以直观的曲线增长图,展现出良好的用户口碑和不断上升的用户数量,并指出在上线 5 个月后,今日头条的留存率和用户活跃度已达到行业领先水平。第五部分,张一鸣才开始向投资人介绍技术亮点。其中包括独创的数据处理和推荐技术底框架、自然语言和多媒体信息处理、高维度用户兴趣建模、高性能的实时大规模数据运算等。第六部分重点展示了创业经验丰富的团队。最后一部分张一鸣展示了他对今日头条未来的计划,包括扩充信息类型与来源、深挖用户特征、升级推荐系统、强化社区互动、国际化与商业化尝试等,其中尤其突出了今日头条巨大的广告价值。他自信地宣称,今日头条凭借高覆盖渗透和极具黏性的特点,将通过对用户兴趣爱好的提取,把广告转换为内容,为媒体提供更加精准的广告投放渠道,通过数据不断变现。

这份创业计划书有着完整的逻辑,整份创业计划书围绕投资亮点展开,采用了自顶向下的方式,先介绍市场,再介绍项目形式,随后细化项目的竞争力和团队情况,最后讲融资计划。这种循序渐进的逐步推导,让每个环节都清晰起来,不断去说服投资人,从而一步步建立投资人对今日头条的信心。

【思考】
（1）通过这份计划书，整理出平台设计和创建的关键要素；
（2）结合第2章商业模式的学习内容，你觉得实施这份计划书，可以有哪些具体措施？

4.1 平台的核心交互设计

平台是一个复杂的系统，其作用就在于给供应端和需求端的用户提供一个能进行信息、产品或服务的沟通和交流的空间。如何创造一个平台，能吸引足够多的用户并且能让他们高度参与到平台活动中？供应端和需求端的用户如何进行交流互动？这是平台设计的出发点。《平台革命：改变世界的商业模式》书中认为，供应端和需求端用户之间的核心交互（core interaction），即价值的交换，是平台内部活动中最重要的形式。

4.1.1 核心交互设计的三个要素

平台设计时应该先设计核心交互。核心交互包括三个关键要素：参与者、价值单元和过滤器。

4.1.1.1 参与者

一般情况下，平台上需要连接两类不同的用户，即创造价值的供应端用户和使用价值的需求端用户。如淘宝网连接提供商品的卖家和有购物需求的买家，爱彼迎连接提供房子的房东和有租房需求的旅游者，滴滴出行连接司机和乘客。

当然也有平台连接了三类用户，如百度。百度的第一边连接的是互联网上的内容，以内容吸引第二边用户——内容搜索者，而第二边用户则吸引第三边用户——广告商。这三边不可缺少。缺少广告商，百度将无法生存。

而同一用户在平台上不同的交互中可能扮演着不同的角色。比如，淘宝上的卖家也可能在淘宝上发生交易行为，爱彼迎的房东也可能外出旅游，需要用租房者的身份去租其他房东的房子。

不管如何，设计平台等第一步还是要考虑连接哪些参与者、他们到平台的主要目的是什么，是提供价值还是使用价值。找到两类用户之间的供需匹配点，平台才有存在的意义。

4.1.1.2 价值单元

一般来说，每个核心交互的开端都是供应端用户对价值单元的创造。平台上，由供应端用户，即互补者发布产品或服务信息。如淘宝，卖家开设店铺，发布的产品列表就是其创造的价值单元。这些价值单元供买家浏览、挑选，从而进行下一步的交易。大多数平台是这样，但是也有例外的，如C2B模式的滴滴出行，由乘客先提交出行信息，这是需求端用户先提交价值单元供供应端用户来选择。

价值单元在平台中起到关键作用。尤其是大多数双边及多边平台，平台不会自身产生价值单元，而是为供应端用户提供一个虚拟空间，让其来创造价值单元。因此，平台不仅需要明确让谁来创造价值单元，还要制定合理的政策鼓励他们竞争，创造出更好的价值单元。

4.1.1.3 过滤器

并非供应端所创造的所有价值单元都一并传递给需求端。现实中也不可能实现。平台通过一定的算法，将价值单元进行过滤之后再传递给特定的消费者。设计合理的过滤器，会给消费者带去他希望获得的产品或服务信息，也就更能促进供应端用户和需求端用户之间的匹配和交易。而如果设计不合理，不仅不能引起消费者的兴趣，反而招致厌恶，久而久之，会逃离、放弃该平台。

用过淘宝的消费者都知道，每个人打开淘宝搜索产品时，显示出的产品并不一样。这是淘宝在2013年提出的新排名算法，也就是大家经常所提及的千人千面。千人千面是以"兴趣模型偏好维度"模型为基础，依靠淘宝网庞大的数据库构建出的一种算法。兴趣与用户的性别、年龄、价格区间、职业和偏好这五个维度有关。这种算法能从细分类目中抓取那些特征与买家兴趣点匹配的宝贝，并展现在目标客户浏览的网页上，帮助卖家锁定潜在买家，实现精准营销。因此，这样的过滤器，既为买家推送其感兴趣且在其购买力范围的宝贝，又提升进入卖家宝贝页面的流量转化率。同理，像滴滴出行，当乘客发起订单，平台将其推给周边的司机，帮助匹配到合适的司机，进行资源的合理配置。抖音上，用户对所观看视频的点赞、评论、停留时间等决定了过滤器推送给他的下一个视频。

4.1.2 核心交互设计的关键功能

平台将供应端和需求端用户同时吸引到平台上，为的就是让他们之间发生交互。因此，核心交互的时候要使平台需要发挥出吸引、促进和匹配这三大关键功能。

课外案例4.1
Twitter的核心交互设计

4.1.2.1 吸引

吸引是指双边及多边平台在确定了吸引哪些群体的用户需要进入平台之后，就要考虑如何吸引他们来到平台上并能长期驻留在平台上。

在传统管道商业模式中，生产商的产品由经销商负责推向市场，吸引用户不会有太大难处。但是在平台商业模式中，往往存在"企鹅"问题和"先有鸡还是先有蛋"的难题，加大了吸引的难度。

一方面，由于缺乏对平台的信任或新商业模式的理解等，对于同边用户而言，当周围朋友还没尝试过某平台功能的时候，这个用户对于平台也会持保留意见而犹豫不决。因此，人们会彼此观望，害怕率先进入平台招致不好的结果。只有身边朋友已经有很多人使用某平台，用户才会愿意跟随。这是正常的从众心理。也就是在第3章中讨论过的"企鹅"问题。"企鹅"问题造成平台在初期发展时用户规模难以扩大的困难。因此平台需要采取一定的措施，明确传达平台优越于传统商业模式的功能和发展前景，给予用户信心，吸引他们快速进入平台。

另一方面，平台上的双边或多边用户，主要是因为平台上的另一边用户数量而选择是否留在该平台。例如，买家到淘宝是因为该平台上有很多卖家，卖家到淘宝也是因为数量众多的买家。所以当由于某一边的用户都因"企鹅"问题在驻足观望，不仅影响同边用户进入平台，还间接影响了另一边用户规模的扩大。因此，平台需要决定先吸引哪一边用户进入平台，以此再吸引另一边用户进入，并考虑如何激发出"网络效应"吸引双边用户快速加入平台。

4.1.2.2 促进

促进是指平台设定关于价值创造交换的机制,并制定规则来鼓励、监管、治理这个过程。如,对于供应端用户而言,促进不仅仅需要简化供应端提交价值单元的过程,更需要鼓励他们进行价值创造。如苹果公司采取系列措施,尽可能降低基于iOS系统的程序开发的难度,让游戏开发者专注于游戏开发的创新,并提高游戏产品的变现率。见案例4.1。对于需求端用户而言,除了便于浏览、下单等操作,还要鼓励他们表达诉求、进行反馈等。

【案例 4.1】

苹果如何激励外部游戏开发者

苹果制定了许多支持外部游戏开发者的举措,激励他们为iOS系统提供了大量优质游戏。

第一,苹果不断加大对开发者的技术支持力度,发布了各种SDK和API来辅助开发者建构iOS游戏,并且每年在WWDC(苹果全球开发者大会)上分享最新的技术进展。

第二,苹果改进了审核流程,缩短了App Store的审核周期,提高了发布效率。同时,它扩大了Swift语言在游戏开发中的应用和工具支持,降低了开发难度。这些举措都可以帮助开发者专注在游戏创作上,而不用过多费心证件流程和技术细节。

第三,苹果持续丰富其游戏内容资源。它不断推出新的硬件功能,如ARKit增强现实技术,以及辅助开发新形式游戏的工具链。苹果还积极搭建游戏社区,鼓励开发者之间分享经验和合作。这为创意游戏团队提供了更多可能性。

第四,在商业化方面,苹果改进了内购和订阅模式,帮助开发者更好变现。它还大力推广Arcade订阅平台,开发者可以加入获得更稳定的收入来源。这些举措也吸引了更多小团队加入开发iOS游戏。

思考:苹果如此举措,有哪些好处?

4.1.2.3 匹配

平台通过历史数据的分析,设置精准的过滤器,将有用的信息推送给双边用户,促进他们之间的匹配,有利于交易的进行和价值的变现,供应端和需求端用户都能因此得到更好的满足。如亚马逊有专门部门负责对搜索引擎算法的建立、维护和更新优化。目前亚马逊的算法已经升级到A10算法,更加注重买家的行为和偏好。算法中有很多指标来判断,如买家搜索和购买某个商家的产品频率越高,该商家的产品在该买家的搜索结果中排名中的排位会越靠前。成功的平台都是通过不断优化算法,更好地实现双边用户之间的匹配。

4.2 如何发展用户群体

前面提到平台的核心交互设计中,需要确定参与者,即用户群体。随着用户规模增大,平台多边用户之间会激发网络效应,加速平台成长;但同时也会产生一些负面影响。因此,平台需要考虑怎样筛选用户,提高用户质量,从而有助于平台的商业定位。

【案例 4.2】

网红风小逸如何被封禁

抖音网红风小逸,是个长相清秀、皮肤白嫩的男生,平时喜欢穿戴动物造型的服装或帽子,说话娇声娇气,惯用叠词,获得不少女粉丝的喜爱。一个戴鹿角帽吃黄桃罐头的视频,在短短3天内获得50万浏览量。但也正因为这个视频,风小逸这个账号遭到抖音永久封禁。

在这个视频里,风小逸奶声奶气拿起罐头表示要"吃个桃桃"。在打开罐头后,又表示:"这个罐头好凉凉。"这个视频让网友直呼"辣眼睛"。有人说,男孩子居然穿这样的鹿帽服装扮可爱,语气还这么"娘","跟伪男一样",让人觉得"有被恶心到"等。甚至还有网友直言,"短短的几秒钟,我需要一生去治愈"。还有不少网友认为太过于女性化的他会带坏小孩子,也认为他会让外国人觉得中国男人都是"娘炮"。所以,不久后全网发起了抵制"风小逸"的活动,并向平台举报他的视频和直播。但也有一些人觉得这是风小逸拍段子的一种方式,没有必要攻击,说不定现实生活中不是这样的。

最后,因他长期还在网络上卖惨,宣扬不良风气,诱导未成年打赏等,被抖音永久封禁了。

思考:

(1) 风小逸是否应该被封禁?
(2) 如果没有网民的举报,风小逸能否及时被封禁?

4.2.1 用户筛选机制

当平台缺少用户时,会适当降低进入门槛。但当用户规模不断扩大,或者因为进入门槛低,用户良莠不齐时,平台会启动对用户的筛选机制。首当其冲的是对其身份的鉴定。现在几乎大部分平台要求用户以真实身份注册账号。为了方便用户注册,平台一般允许用户使用手机号或者微信号登录。这是因为手机号是在营业大厅里实名购买,用户身份已经被验证过。而微信是用手机号注册和登录,因此有些平台也提供微信账号登录的方式,相当于间接验证了用户的真实身份。QQ 软件早期是可以随意注册的,不需要手机号,也不需要身份证号,一个人能够注册多个QQ号。如此低的用户注册成本,就容易给平台带来不安全因素,这也是早期QQ诈骗事件频发的原因。用户的真实性利于提高平台的安全性,因此有些平台会通过奖励的方式,如给予积分、优惠券等鼓励用户进行实名认证。

即便如此,也不能杜绝平台安全隐患。平台如果依靠员工逐一筛查用户,其效率很难满足平台成长需求。因此,平台通常还会让用户成为彼此的监督者。比如,微信上看到有人发布不实文章,或者在群里散布谣言,均可向微信平台举报;淘宝上买到假冒名牌的包包、围巾,也可以向淘宝客服举报。对于平台而言,如果一一审核平台上发布的产品和服务信息,工作量大,且效果未必令人满意。而让用户之间进行监督,则是一种高效的方法,能够帮助平台发现隐匿的劣质用户或产品等。如案例4.2,网红风小逸的视频会因网民的多次浏览、评论和转发,被抖音系统误认为是"深受网民喜爱"的视频,甚至会给予更多的流量支持。通过网民的举报,抖音系统人工介入,判断视频内容是否健康,从而对视频及其发布者迅速作出裁定。

课外案例4.2
Facebook的用户群体发展策略

用户评分体系实际上也是一种筛选机制。在淘宝购物之后,买家可以对卖家服务质量、产品质量等进行评价。卖家店铺获得的好评率关系到淘宝分配流量的大小。同时,其他买家通过查看评论了解产品的真实情况,以此筛选良好的卖家和产品。大众点评上用户的评价有助于后来用户对商家的选择。可见,集合大众意见的结果最有公信力。系统性地聚集用户的评价,有助于平台用户之间的彼此判定,提高精准匹配的概率。平台上的评价体系实则是为促进平台双边交易而服务的。

4.2.2 用户质量的提升

用户规模对于平台的成长固然重要,但是盲目追求数量的增长、忽视质量的把握,会对平台成长产生负面影响。通过用户筛选机制,驱逐劣质用户,维护了平台的信誉,保证了平台健康发展。而进一步提高用户质量,则是平台快速发展的战略性选择。

平台提升用户质量,一种策略是主动引入高质量用户。如新浪微博开发出的"大V"概念,是新浪微博呈现出爆炸式成长的一个关键举措,即引入社会上有一定知名度的专家,如财经信息专家、房产专家、音乐人、演员或是科技业的信息达人。这些知名人士自带流量,不仅为新浪微博带来新用户,而且他们发的帖子,能引起网民的评论和转发,激发网络效应(见案例4.3)。可见,平台中每个用户节点的质量并不相同,对平台的贡献自然也不同。这个引入大V的举措后来也被很多平台采纳,如抖音、快手等短视频平台。

【案例4.3】

新浪的快速发展

2009年11月,新浪微博在公测后仅66天的时间内便达到100万名注册用户的规模,而在不到半年的时间内,它的用户增长规模就突破了1000万。到2010年10月,用户激增至5000万。5000万是什么概念?达到5000万人的普及率,收音机经历了38年的时间,电视机经历了13年,就算是互联网,也花了4年。而微博只用了14个月便捕捉到了这个用户量。紧接着,到2011年6月底,新浪微博的注册用户数突破了两亿大关。而且这些用户非常活跃,在2010年的每一天,他们在新浪微博的平台上发布了日均2500万条信息,相当于每一秒钟就有289条信息诞生。

新浪微博用户迅猛增长,其中一个原因在于新浪微博邀请了社会上有一定知名度的专家,如财经信息专家、房产专家、音乐人、演员或是科技业的信息达人,到其平台开通微博,并在其头像上标注"V",表明已经经过平台身份验证。这些大V用户在平台上扮演着"意见领袖"的角色。通常他们发布的信息都具有高度专业性和可信性,也容易引起其他网民的兴趣。哪怕他们发了一条看起来很不起眼的信息,也会得到网民的大量评论和转发,在平台上形成大量互动,持续吸引新的用户注册微博。这些大V用户自带流量,他们在平台上发的帖子很容易引起病毒式传播,所引发的网络效应远超普通用户。

思考：试分析病毒式传播对于企业公关工作的优劣势。

平台提升用户质量，另一种策略是扩大市场，向高端用户市场挺进，降低低端用户比例。如腾讯QQ，曾经被认为是"三低"用户才使用的软件。经过多次的软件迭代，不断满足人们自动化办公的需求，逐步占领商务用户市场，从而提升了整体用户质量。见案例4.4。

【案例 4.4】

腾讯 QQ 与 MSN

腾讯QQ自推向市场后，长期以来一直被视为聊天的工具。2005年在约2000万商务人士用户中，腾讯用户约950万，占47%，而微软MSN进入中国不久，在没有任何宣传和本地化支持的情况下却能占53%的用户，约1075万。微软的MSN在中国的主要目标群体是商务人士。但QQ在商务市场的口碑一直不佳。在中心城市写字楼里，一个挂着QQ的电脑会成为被嘲笑的对象。很多公司明文规定，上班期间不能使用QQ，MSN才是办公信息化的必需品。

为了改变用户对QQ这一固化看法，并与MSN抢夺高端用户市场，QQ在升级版本中，实现三大技术特色：一是强化网络传输功能，提升文件传输速度，并支持断点续传。二是推出QQ网络硬盘和互动空间。三是改进了QQ群的组织结构，在群聊基础上设计了"群中群"。这些改进受到市场追捧，尤其是网盘和文件传输速度的加快，对商务人士的吸引力非常大。与此同时，MSN由于不是微软的重点工程，MSN每一项功能的开发需求提交到美国总部，无法及时得到论证和实施。因此，MSN的用户开始转向使用QQ。今天，没有人觉得QQ是一个不太体面的事情，相反，QQ是人们日常中非常普遍的一个社交工具。

思考：

（1）腾讯提升整体用户质量的主要措施是什么？

（2）阅读吴晓波的《腾讯传1998—2006：中国互联网公司进化论》第八章："战MSN：荣誉与命运"，了解腾讯与MSN的竞争过程，你觉得有何启示？

4.3 如何破除"鸡与蛋"问题

【案例 4.5】

淘宝最早的发展

2003年5月10日，淘宝诞生的当日，开始招募"淘宝先锋"——在淘宝网站开通的第一个月内通过身份认证的淘宝人。淘宝先锋的招募很顺利，卖家很容易就来了，商品增长也很快，几天后，淘宝网上的商品就突破1000种。商品量过千的当天晚上，淘宝员工又庆祝了一下。由于是"非典"期间，所以只能在网上庆祝。大家用白纸写上1000！然后拍成照片放到网上以示庆祝。

淘宝启动初期，卖家增长很快，但买家很少，故淘宝网上的交易也很少。面对这种局面，淘宝启动了一个"核爆炸"行动——让所有的淘宝人一起来做网站推广。

那时淘宝的店小二们在网上论坛交流很多,每天都交流到很晚,大家都在想办法。那时店小二们除了自己交流外,主要是和卖家互动,淘宝实际上是店小二和卖家一起做起来的。"核爆炸"行动启动后,那些淘宝先锋动起来了。当时淘宝网上的论坛气氛很热烈,卖家们很踊跃,建议提得很多,许多建议很快就变成了现实。

无论是eBay还是易趣都是自己做网站,后起之秀的淘宝则是玩了一场人民战争——商家和客户一起玩。在淘宝网上开店的这些淘宝先锋,最大的愿望是找到买家卖掉商品,而如果没有买家、没有交易量,淘宝网就不能成长。在这一点上,孙彤宇的团队和淘宝先锋们有了共同利益。开网人与开店人的共同体一旦形成,淘宝先锋们的积极性一旦被调动起来,巨大的能量瞬间就释放了。

淘宝先锋们不但自愿做了许多网站的推广工作,而且贡献了许多好主意。别的不提,仅支付宝这一个主意就价值连城。

马云和孙彤宇注意到:中国网民中93%的人访问过购物及个人交易网站,却只有33.8%的人在网上购买过商品或服务。那么,阿里巴巴是不是可以找出一条适合中国人上网购物习惯和需求的服务之路呢?在淘宝两个月的实践中,他们发现城市女性白领对在网上开小店,以及时不时在网上搜索淘买点东西,表现出很大的兴趣和热情。有的小店主可以通宵不睡地拍照、铺货;几乎所有第一次尝试开店的人都为卖出第一件货品而激动不已。不少人有这样的心理:钱就不赚了,算赚个朋友吧。

其实网上的个人交易,不只是让你来"淘",每个人还可以把自己的宝贝拿出来让别人"淘"。淘宝网除了拍卖外,还提供了一口价、讨价还价、张贴海报几种买卖方法。但是从网站上殷勤、周到的店小二,到类似传销式的网站推广方式——滚雪球俱乐部,再到淘宝者联盟(论坛),你可以看出,淘宝网站还想做所有"淘宝人"的网上家园。

面对个人对个人的网上交易诚信问题,马云给出第一步解决方案是:鼓励同城交易。淘宝首期启动了北京、上海、杭州三个城市。

从2003年5月10日到7月10日,在两个月的时间里,淘宝成长得很快,其成长速度超出了马云和孙彤宇的预期。淘宝正式推出的时机成熟了。

思考:
(1) 对比开篇案例,淘宝和滴滴在出入市场时,遭遇的困难有何异同?
(2) 结合这些案例,谈谈有哪些策略可以解决"鸡与蛋"问题。

平台新进入市场时,"鸡与蛋"问题是平台遭遇的最为严峻的挑战之一。平台应该先吸引哪一边?在缺乏另一边的情况下,如何让这一边先停留在平台等待另一边?在开篇案例中,滴滴选择先吸引供应端用户入驻平台。有了司机在线接单,乘客才愿意使用平台叫车。案例4.5中,淘宝先吸引卖家进入平台,并调动卖家的积极性,一起吸引买家进入平台。观察诸多的双边平台案例,基本上都是平台先吸引供应端用户进入平台,再以此吸引需求端用户。这也是因为平台本身并不提供产品,不具备吸引需求端用户的产品,必须先引入供应端用户。而当双边用户进入平台后,发生较多的互动和交易,不仅留住这些用户,还会吸引更多的用户进入平台,从而引发网络效应。平台一旦引发网络效应,其所链接的多方群体将如洪流般涌入,平台才开始进入自行运转。

4.3.1 破解"鸡与蛋"问题的几种策略

4.3.1.1 从单边到双边

亚马逊、腾讯进入市场，就不曾被"鸡与蛋"问题所困扰。因为这些平台是单边结构，平台自行提供产品，创造价值单元。而当用户规模较大时，才将平台开放给外部的供应端用户，即大量供应端用户进入平台，为需求端用户提供更大体量的产品或服务，单边平台转变为双边平台，从双边用户交易中分得一杯羹。

4.3.1.2 依附大平台

背附大平台，利用大平台给予的用户流量。如抖音2016年9月正式进入短视频市场。这个时候市场中已经有很多竞争对手。尤其是2015—2016年，短视频呈爆发性增长。阿里巴巴收购土豆，腾讯投资快手，互联网巨头纷纷发力短视频市场。到2020年1月，抖音宣布日活跃用户超过4亿，月活跃用户超过5亿。另据前瞻产业研究院《中国短视频行业市场前景预测与投资战略规划分析报告》显示，截至2021年6月，在用户的流量价值方面，抖音和快手分别以541.8亿元和244.5亿元位列短视频行业第一梯队。2023年，抖音在中国市场的用户规模持续扩大，日活跃用户数已突破6亿大关，较2022年增长了20%。抖音的迅速成长过程，离不开母公司字节跳动的大力支持，不仅得到字节跳动的资金、人员、算法技术等资源，而且还能将今日头条的视频作者导流到抖音。短视频都是UGC（用户创造内容）模式，没用户就没内容。抖音早期便积累出大量视频，较为轻松地解决了"鸡与蛋"问题。

4.3.1.3 吸引优质用户

重金邀请重要用户入驻平台。平台在既无内容也无流量的冷启动期，首要目标是快速拉动第一批用户，获得启动流量。特别是有社区属性的内容平台，拉动的第一批用户不仅要有帮助平台提升知名度的个人影响力，同时还要有产出热门话题和优质内容的能力。尤其是娱乐明星，自带流量，往往是平台社区完成冷启动的好帮手。

4.3.1.4 微型市场策略

先锁定有成员参与互动的小市场，专注微型市场，降低激发网络效应的用户临界规模量。Facebook发布时选在哈佛大学校园内，而不是全球范围。这就保证了发布时虽然只是在哈佛大学社群里吸引了500多名用户，但是这个社群拥有很强的互动性，会吸引其他人进入。

4.3.2 "鸡与蛋"问题与网络效应

平台初期由于"企鹅"问题和"鸡与蛋"问题，平台所连接的互补者和用户数量都达不到形成网络效应的阈值。陈威如等（2013）曾用S形曲线表示平台用户规模的发展进程，如图4.1所示。图中的虚线表示"实际市场份额"与"预期市场份额"相吻合时的分界线。S形曲线与虚线相交的X、Y、Z点表示是三个市场份额达到均衡状态。X点至Y点是平台实际用户少于达

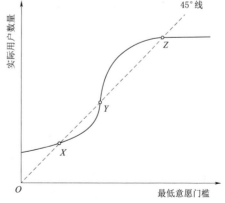

图4.1 平台用户规模发展进程的S形曲线

到最低意愿门槛的潜在用户数量，用户数量尚未到产生网络效应的规模。网络效应缺失的"真空地带"，也正是令平台型企业阵亡的瓶颈区。

通常，平台型企业会向用户提供非网络效应的价值，如发放优惠券，吸引用户入驻平台，将用户规模推至 Y 点。当过了 Y 点，量变到质变，平台的用户规模足以产生网络效应。一旦触发网络效应，平台将进入自我强化周期。此时，新用户会源源不断涌入平台，实际参与的人数超越新用户想加入的多最低意愿门槛，Y 点至 Z 点这段的马太效应愈发明显，网络效应爆发。自我强化的反馈回路扩大了平台的优势，在某些条件下强大的网络效应可以促使平台在竞争中达到"赢家通吃"的结果。

4.4　平台能不能开放

【案例 4.6】

iOS 系统和安卓系统，孰更胜一筹？

智能手机连接了数个不同的市场，打造出相当独特的生态圈。Google 的安卓系统摆脱了统一的硬件规格，对"手机制造商"这第一边实行高度开放策略，与许多知名的手机大厂合作。如 HTC（宏达电）、摩托罗拉、三星等公司，均发行了以安卓系统为主的智能手机。只要通过相当开放的申请条件，几乎所有厂商均能使用安卓系统。同时，第二边"软件开发商"设计出上万种应用，在安卓的电子市场上提供给用户。当然，第三边"手机用户"代表着目标消费群体。而该系统的第四边市场则是 Google 盈利的命脉——"广告商"。如图 4.2 所示，Google 的安卓平台连接了四边市场群体：手机用户、手机制造商、软件开发商与广告商。

思考：

（1）Google 安卓系统和苹果 iOS 系统相比较，各自的优缺点是什么？

（2）试分析，怎样的平台开放策略是利于平台发展的。

苹果 iOS 的生态圈较为独特。首先，iOS 的硬件具有统一规格，苹果自己把关制造程序。这方面苹果并未对外开放，所以实际上，它不能被称作是一个"边"。"软件开发商"这一边的开放策略，最早是由苹果开始的，然而，苹果对这些开发商依旧持非常谨慎的态度。"手机用户"同样是 iOS 生态圈中的消费族群。而最后，"广告商"虽然是苹果的第三个"边"，却不是其主要的赢利来源，所以广告商在 iOS 生态圈中的位置并不如在 Google 安卓中重要。可以说，苹果的 iOS 生态圈连接了三边市场群体：手机用户、软件开发商、广告商。但由于 iPhone 的主要收入来源于收费软件的利润分成与手机终端本身的销售额，也有人将广告商排除在分析范围以外，将 iOS 视为一个成功刺激用户与软件互动的平台。Google 安卓系统和苹果 iOS 系统生态圈的不同如图 4.2 所示。

Google 的战略是采取多边开放策略，非但对软件开发商采取宽松的审核标准，还与诸多有意愿的手机制造商合作。这正是安卓手机与苹果手机最大的不同之处：相较于苹果只有 iOS 一种款式，安卓系统的硬件设备却与其他的大品牌绑定，如上述的三星与 HTC。而且这些品牌会经常推出不同款式的手机，拥有多样化的外观与功能，

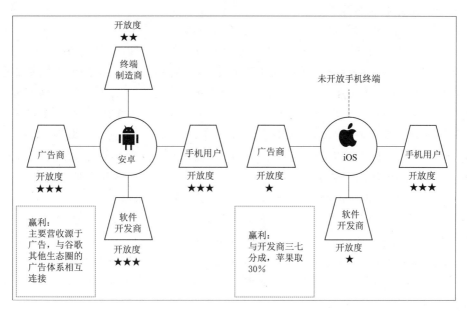

图 4.2　Google 安卓系统和苹果 iOS 系统生态圈的不同

全部使用安卓界面。换句话说，安卓纯粹是一个操作平台的概念，以高度开放的本质连接了各边市场。上述这些成员想要进驻安卓的生态圈，门槛并不高。Google 甚至为其提供开发源代码以及许多核心工具，如搜索引擎、电子地图、文字处理工具等。而在 Google 的强力支持下，安卓的平台生态圈很快便趋于成熟，进入高速成长阶段。2010 年，安卓的全球软件开发商有 68.9 万个，电子软件商城 Android Market 在该年年底前累积了超过 10 万个应用软件，Google 也从 Android Market 里赚取了 10 亿美元。然而需要注意的是，安卓这笔收入大多源自广告商，这是 Google 生态圈的核心盈利主轴。它不像苹果的 App Store，主要是靠付费软件的利润分成来获利。在 Android Market 中，供人免费下载的应用软件占七成，其中超过 40% 均融入 Google AdMob 的广告。

　　苹果的聪明之处不仅仅在于其对硬件质量的要求，更重要的是它对平台战略的准确拿捏。虽然苹果对开发商群体的策略被许多人视为"低度开放"，却保证了这样一个事实：在 App Store 上，无论是付费或免费下载的软件，均具备优良的质量，因此，消费者在心中树立起苹果生态圈的口碑。再加上苹果对于手机硬件的功能与外观设计均怀着宗教信仰般的坚持，非亲自掌控不可，完全不冒开放式策略所带来的质量风险，种种理由皆让人们对 iPhone 产生了前所未有的热爱。当然，苹果在面对软件开发商时，除了提出严谨的把关条件，同时还向其展示难以抗拒的诱惑。苹果采取和开发商三七分成的策略，即苹果只拿 30% 的利润分成，这在当时算是慷慨之举。许多被吸引而来的开发商心甘情愿地照苹果的游戏规则走，打造了一批又一批多样化、新颖而优质的应用软件：档案管理软件、休闲游戏软件、旅游帮手软件等，应有尽有。

4.4.1 什么是平台的开放

《平台革命：改变世界的商业模式》的作者帕克、埃尔斯泰恩和托马斯·艾森曼合作，提出了平台开放的基本定义："如果满足两个条件，平台可以被称为是'开放'的：第一，在参与其开发、商业化或使用中没有任何限制；第二，任何限制都是合理的和非歧视性的。"开放平台能给外部企业提供更好的服务，激发它们的创新性。亚马逊 AWS 云计算平台是当今全球最大的云计算平台之一，它的优势在于提供了完备的云计算解决方案和技术支持，同时允许开发者灵活选择各种云计算服务和功能。在 AWS 平台上，开发者可以轻松地搭建自己的云服务器，构建复杂的应用程序和工具，还可以利用 AWS 的强大数据中心和安全保证，进行数据备份和还原。此外，AWS 还具有高度灵活性和可伸缩性，能够满足不同应用场景下的需求。

平台开放的反义词是封闭。封闭不是简单地禁止外部人员参与，可能是设计烦琐的参与规则，或者是收取高额的费用，使潜在用户望而却步。从根本上说，平台是促进供应端用户和需求端用户互动与匹配的空间。一个优秀、健康的平台依赖于平台以外的供应端用户来创造产品和服务。如果平台过于封闭，很难发挥供应端用户的积极性和创造性。因此，确定合适的开放程度，是平台必须作出的最复杂且最关键的决定之一。这个决定会直接影响到平台的使用、开发者的参与度、平台的盈利和法规等。开放和封闭的尺度平衡是很难把握的。20 世纪 80 年代，乔布斯在这个问题上作出了错误的选择，把平台 Macintosh 作为一个封闭的系统。而微软却将操作系统开放给外部开发者，并授权给计算机制造商，从而获得海量创新，在个人电脑市场份额上远超苹果。到了 21 世纪，乔布斯开放了 iPhone 的操作系统，使 iTunes 可以和 Windows 系统兼容，终于在开放和封闭直接找到了合适的平衡点，从诺基亚、黑莓这样强大的竞争对手手中抢到了智能手机市场的巨大份额。

4.4.2 平台开放的层次

平台开放有两个层次：第一个层次是平台管理者和创建者参与的关于平台开放决策；第二个层次是关于开发者参与的平台开放决策。

4.4.2.1 平台管理者和创建者参与的开放决策

第 3 章中，我们提到过任何平台的结构和运作的背后有两个实体：平台创建者和平台提供者。这两个实体对平台开放程度的不同管理手段，形成四种开放模式。

第一种，专有模式。单个实体公司管理平台。如苹果公司控制软硬件、Macintosh 操作系统和手机的 iOS 底层技术标准。

第二种，授权模式。一家公司创建平台，另一家公司管理平台。例如，Google 创建了安卓操作系统，但是它鼓励多个硬件公司供应能够生产消费者和平台链接的设备。这些设备的制造商包括亚马逊、华为、三星等，由 Google 授权其对生产者和消费者之间的接口进行管理。

第三种，合资模式。多个公司联合创建平台，一家公司管理平台。如 2001 年成立的 Orbitz 旅游预订平台就是由多家航空公司赞助的合资企业。

第四种，共享模式。多个企业联合创建，多个企业对平台进行管理。如 Linux 系统就包括 IBM、英特尔在内的多家赞助商和多家开源管理者。

这四种模式，平台参与者和管理者的数量不同，形成不同开放的程度和方式。相比之下，专有模式拥有最大限度的控制，有利于最封闭的运行系统。授权模式和合资模式实际上就是开放一个端口的同时，封闭其他端口。而共享模式的开放程度最大。

4.4.2.2 开发者参与的开放决策

平台的发展中，不断扩展来增加其他类别的交互。这些交互由核心开发者、扩展开发者和数据整合者创作。

核心开发者是受雇于平台的员工，负责创建核心的平台功能，利用工具和规则使互动简单易行。如淘宝，提供买卖交易的基础结构，允许买卖双方利用系统资源进行互动，包括买家的搜索功能和数据服务功能，以及保障交易成功的付款机制。扩展开发者，一般不受雇于平台，是平台外部的开发人员，从为平台创造价值中获取自己的收益。如第三方程序开发者在淘宝上，利用淘宝提供的接口和平台数据为卖家经营开发为卖家经营提供数据支持的软件，第三方程序开发商通过苹果 iTunes 平台出售自己开发的游戏。平台通常要考虑的就是对扩展开发者开放的程度。平台通常通过设置应用程序编程接口，来控制扩展开发者对平台的后台数据访问。API 是用于开发应用软件的一套标准化的例行程序、协议和工具，能够使外部的扩展开发者编写代码，实现了平台基础设施的无缝连接。高度鼓励扩展开发者的平台，会给他们设置足够丰富的 API。数据整合者通过从多个额数据源添加数据提升平台的匹配功能。在平台授权下，他们收集平台用户交易活动的数据，再转卖给其他企业。提供数据的平台也会得到部分盈利。

4.4.3 平台如何控制开放

平台应该如何控制开放的程度？平台开放的目的是鼓励外部开发者能够提供更多的有创新性的产品，促进平台上的价值交换。因此，平台经常推出一些举措促进外部开发者为平台提供更多的产品，促进它们之间的良性竞争。如苹果 2021 年 1 月 1 日启动针对小型企业和独立开发者的"佣金"新政，即开发者在苹果 App Store 应用商店年收入低于 100 万美元（扣除佣金后），其佣金将被降至 15%，与之前 30% 佣金相比降了一半。

但如果外部开发者的权力威胁到平台本身，平台则会考虑降低开放程度，并对外部开发者采取必要的措施，限制其活动。当某个应用程序有可能成为一个平台，承载这个应用程序的平台应该想方设法拥有这个程序，或者自行开发相似的应用程序将其取代。例如，微软看到 Netscape 浏览器发展迅猛的时候，就自行开发出 IE 浏览器，并与 Windows 操作系统捆绑销售，压缩 Netscape 的生存空间。或者是发现平台上开发者开发的某种应用程序对平台的未来发展至关重要，平台就会通过收购的方式实现对某些重要程序的所有权。比如苹果收购了开发 iPhone 的虚拟个人主力 Siri 的 SRI 公司，因为 Siri 程序对 iPhone 极具增值功能。

另外，如果某项特定的功能由大量的扩展开发者改造并被平台用户普遍接纳，那么平台则获取该功能，并通过开放的 API 提供给用户。如文本、图片、视频的编辑这种普遍的功能通常都是扩展开发者发明的，平台意识到这些功能的普及性，便纳入所有开发人员都可以使用的 API。

【本章小结】

本章主要介绍了平台设计的关键内涵，配合多个案例，解释和阐述了平台建设时所面临的主要问题，帮助学生们理解建设平台应该考虑哪些问题。

【课后阅读】

[1] 吴晓波. 腾讯传 1998—2006：中国互联网公司进化论［M］. 杭州：浙江大学出版社，2017.

[2] 孙燕君. 阿里巴巴神话：马云的美丽新世界［M］. 南京：江苏文艺出版社，2007.

[3] 陈威如，余卓轩. 平台战略：正在席卷全球的商业模式革命［M］. 北京：中信出版社，2013.

第 4 章
课后习题

第 5 章

传统电子商务商业模式

第5章
传统电子
商务模式

【开篇案例】

"非典"时期,电子商务逆风飞扬

2003年,由于"非典"的肆虐,中国经济活动遭遇措手不及的"拦腰一击"。而电子商务在"非典"期间的逆风飞扬,让众多企业看到了一种新兴营销模式所带来的诱惑。在后"非典"时期,浙江省3000多家企业参加了由该省经贸委主办、省营销协会和中国化工网承办的工业品网上交易会。6月15日上午9时55分,国内迄今规模最大的工业品网上交易会开幕,这些企业和2万多种产品同时亮相网交会。第二天下午,第一个金额为212万元人民币的网络合同签约。据中国化工网统计,截至16日上午10时,网交会页面访问量近52万次,其中约20%来自国外;参展企业共收到询盘量300多个。还有众多省内外企业通过电话、E-mail等方式进行询问,强烈要求加入本次网上交易会。难怪业内人士评价:这场在"非典"时期举办的网络盛会,某种意义上承载了中国电子商务今天的光荣与未来的梦想。

很多人都知道"华夏第一市"义乌市,但在这个熙熙攘攘的中国小商品市场内,一个"无形市场"——"中华商埠"网站却鲜为人知。这个全国交易量最大的专业市场针对"非典"疫情,着力拓展电子商务,网上市场交易做得如火如荼。已有20%的摊位业主用上了电脑,并频频在网上发布信息,通过网络检索供求信息,80%以上的商品都已在网上市场进行展示。

在义乌中国小商品市场内,网线已经接通到每一个摊位前。这个市场内的"中华商埠"网站,每接到一份采购需求信息,就会立即通知相关的会员企业,在网上展示样品、竞价,由采购商挑选。

不仅义乌如此,在"非典"时期,嘉兴茧丝绸专业市场交易额中的80%是在网上成交的。余姚中国塑料城内的客流量虽然减少了,但由它主办的中国塑料信息网的网上浏览量却明显增加,每天进入的会员由平时的5000多人次增长到7000多人次,会员企业通过网络直接或间接促成的成交量较往常增长了30%以上。另外,像绍兴轻纺城等专业市场网站在"非典"期间也异军突起。

杭州中国化工网总裁孙德良告诉记者:"非典"期间中化网日访问量增长了40%,达到35万人次,每天贸易信息2500多条,增幅为25%,业务量也比去年同期增长了50%~60%。据了解,"非典"期间,浙江多数化工企业都把这家网站作为获取贸易信息的主要渠道,如临安金龙化工有限公司近7成的订单都来自中化网。

旗下拥有3家网站的浙江华瑞公司是一家B2B电子商务公司,从4月开始,日访问量从原来的8万人次提升到13万人次。仅4月一个月,通过网络实现的交易额就达3000万元,比去年同期增长了40%左右。另外,浙江省内的全球纺织网、中塑在线等行业网站也都取得了骄人的业绩。

【思考】

(1) 电子商务的特点有哪些?

(2) 中小企业采取B2B电子商务能够解决哪些自身发展的瓶颈问题?

【学习要求】

了解传统电商的C2C、B2C和B2B等经典商业模式,理解上述三种商业模式的主要区别。

5.1 电子商务概述

5.1.1 电子商务的定义

前面我们讲解了电子商务的交易过程、电子商务产生发展的条件、国内外的电子商务发展概况等内容,一直还没给电子商务下一个定义。电子商务至今还没有一个统一的定义,各国政府、学者、企业界人士都根据自己所处的地位和参与电子商务程度的不同,从各自的角度提出了自己对电子商务的认识,因而今天我们可以看到关于电子商务的各种阐述。本书将较有代表性的一些定义做一汇集,这些定义有助于我们全面理解和认识电子商务。

5.1.1.1 世界电子商务会议关于电子商务的概念

1997年11月6日至7日在法国首都巴黎,国际商会举行了世界电子商务会议(The World Business Agenda for Electronic Commerce)。全世界商业、信息技术、法律等领域的专家和政府部门的代表,共同讨论了电子商务的概念问题,一致认为电子商务是指对整个贸易活动实现电子化。从涵盖范围方面可以定义为:交易各方以电子交易方式而不是通过当面交换或直接面谈方式进行的任何形式的商业交易;从技术方面可以定义为:电子商务是一种多技术的集合体,包括交换数据(如电子数据交换、电子邮件)、获得数据(如共享数据库、电子公告牌)和自动捕获数据(如条形码)等。这是目前电子商务较为权威的概念阐述。

5.1.1.2 政府和国际性组织的定义

欧洲议会给出的关于"电子商务"的定义是:电子商务是通过电子方式进行的商务活动。其通过电子方式处理和传递数据,包括文本、声音和图像。其涉及许多方面的活动,包括货物电子贸易和服务、在线数据传递、电子资金划拨、电子证券交易、电子货运单证、商业拍卖、合作设计和工程、在线资料、公共产品获得。其包括产品(如消费品、专门设备)和服务(如信息服务、金融和法律服务)、传统活动(如健身、教育)和新型活动(如虚拟购物、虚拟训练)。

美国政府在其《全球电子商务纲要》中比较笼统地指出"电子商务是指通过 Internet 进行的各项商务活动,包括:广告、交易、支付、服务等活动,全球电子商务将会涉及全球各国"。

经济合作与发展组织(OECD)是较早对电子商务进行系统研究的机构,其将电子商务定义为:电子商务是利用电子化手段从事的商业活动,其基于电子数据处理和信息技术,如文本、声音和图像等数据传输。其主要是遵循 TCP/IP 协议,通信传输标准,遵循 Web 信息交换标准,提供安全保密技术。

5.1.1.3 IT 行业对电子商务的定义

信息技术行业是电子商务的直接设计者和设备的直接制造者。许多公司根据自己的技术特点给出了电子商务的定义。IBM 提出了一个电子商务的定义公式,即电子商务＝Web＋IT。其所强调的是在网络计算环境下的商业化应用,是把买方、卖方、厂商及其合作伙伴在互联网、企业内部网(Intranet)和企业外部网(Extranet)结合起来的应用。

美国惠普公司提出电子商务的定义是:通过电子化手段来完成商业贸易活动的一种方式,电子商务使我们能够以电子交易为手段完成物品和服务等的交换,是商家和客户之间的联系纽带。其包括两种基本形式:商家之间的电子商务及商家与最终消费者之间的电子商务。

通用电气公司则认为电子商务是通过电子方式进行商业交易,分为企业与企业间的电子商务和企业与消费者之间的电子商务。

5.1.1.4 权威学者对电子商务的定义

美国学者瑞维·卡拉科塔和安德鲁·B. 惠斯顿在他们的著作《电子商务的前沿》中提出:"广义地讲,电子商务是一种现代商业方法。这种方法通过改善产品和服务质量、提高服务传递速度,满足政府组织、厂商和消费者低成本的需求。这一概念也用于通过计算机网络寻找信息以支持决策。一般地讲,今天的电子商务通过计算机网络将买方和卖方的信息、产品和服务器联系起来,而未来的电子商务则通过构成信息高速公路的无数计算机网络中的一条将买方和卖方联系起来。"

从以上定义不难看出,这些定义是人们从不同角度各抒己见。从宏观上讲,电子商务是计算机网络的第二次革命,通过电子手段建立一个新的经济秩序,不仅涉及电子技术和商业交易本身,而且涉及到诸如金融、税务、教育等社会其他层面;从微观角度来看,电子商务是指各种具有商业活动能力的实体(生产企业、商贸企业、金融机构、政府机构、消费者等)利用网络和先进的数字化传媒技术进行的各项商业贸易活动。一次完整的商业贸易过程是复杂的,包括交易前了解商情、询价、报价、发送订单、处理订单、发送接收送货通知、取货凭证、支付汇兑等过程,还涉及了认证等行为。严格地说,只有这些过程都实现了无纸贸易,即使用各种电子工具完成,才能称之为一次完整的电子商务过程。

在以上列举的各种定义中,我们选取世界电子商务会议的定义作为我们本书学习的定义。

5.1.2 对电子商务定义的理解

从电子商务这个定义，我们可看出，信息技术特别是互联网技术的产生和发展是电子商务开展的前提条件，掌握现代信息技术和商务理论与实务的人是电子商务活动的核心，电子工具是电子商务活动的基础，以商品贸易为中心的各种经济事务活动是电子商务的对象。

5.1.2.1 "电子"是前提

这里的"电子"是指现代信息技术，包括计算机技术、数据库技术、计算机网络技术，特别是计算机网络技术中的 Internet 技术。从人类技术发展历史看，以往的各种技术把人类社会的物质文明提到了一个相当高的程度（当然这是以发达地区为代表而言的）。当今社会技术的代表当然是现代信息技术，它是开发和利用信息资源的有效工具，是实现电子商务的前提条件。

5.1.2.2 人是核心

电子商务的核心是人。首先，电子商务是一个社会系统，既然是社会系统，人当然是中心了；其次，商务系统实际上是由围绕商品贸易活动的各方面代表和各方面利益的人所组成的关系网；再次，在电子商务活动中，虽然充分强调工具的作用，但归根结底起关键作用的仍然是人。因为工具的发明、制造、应用等都是靠人来完成，所以必须强调人在电子商务中的决定性作用。因此，如何培养合格的电子商务人才，也是关系到一个国家、一个地区发展电子商务的关键因素。

5.1.2.3 电子工具是基础

电子商务活动的基础是电子工具的使用。从广义电子商务定义看，凡应用电子工具，如电话、电报等，从事的商务活动就可被称为电子商务。但是，在此研究的是狭义的电子商务，即具有很强时代烙印的高效率、低成本、高效益的电子商务。因而，这里所说的电子工具不是一般泛泛的电子工具，而是能跟上时代发展步伐的成系列、成系统的工具。从系列化讲，我们强调的是电子工具应该是从商品需求咨询、商品配送、商品订货到商品买卖、货款结算、商品售后服务等伴随商品生产、消费，甚至再生产的全过程的电子工具，如电视、电话、电报、电传、电子数据交换（electronic data interchange，EDI）、电子订购系统（electronic ordering system，EOS）、销售终端（point of sale，POS）、管理信息系统（management information system，MIS）、决策支持系统（decision support system，DSS）、电子货币、电子商品配送系统、售后服务系统等。从系统化讲，我们强调商品的需求、生产、交换要构成一个有机整体，构成一个大系统；同时，为防止"市场失灵"，还要将政府对商品生产、交换的调控引入该系统。而能达到此目的的电子工具主要为局域网、城域网和广域网等。它们是纵横相连、宏微结合、反应灵敏、安全可靠的电子网络，有利于在大到国家间、小到零售商与消费者间开展方便、可靠的电子商务活动。如果没有上述系列化、系统化的电子工具，电子商务也就无法进行。

5.1.2.4 对象是各种经济事务活动

以商品贸易为中心的各种经济事务活动是电子商务的对象。从社会再生产发展的环节看，在生产、流通、分配、交换、消费这个链条中，发展变化最快、最活跃的就是位于中间环节的流通、分配和交换。通过电子商务，我们可以大幅度地减少不必要的商品流动、物资流动、人员流动和货币流动，减少商品经济的盲目性，减少有限物质资源、能源资源的消耗和浪费。对以商品贸易为中心的商务活动可以有两种概括方法：第一，从商品的需求咨询到计划购买、订货、付款、结算、配送、售后服务等整个活动过程；第二，从社会再生产整个过程中除去典型的商品生产、商品在途运输和储存等过程的绝大部分活动过程。

5.1.3 关于 EB 和 EC

电子商务的英文表达有两种：EB（electronic business）和 EC（electronic commerce）。这两种表达有其异同点。一般认为，这两种表达的共同点在于，都强调电子工具，强调在现代信息社会，利用多种多样的电子信息工具，而且工具作用的基本对象都为商业活动。两种表达的不同点在于，EC 是指在 Internet 上建立一个企业网站，进行产品市场宣传或通过 Web 进行一般的商业交易活动。而 EB 则涉及更广泛的范畴，它将改变企业的传统业务运作模式，使企业通过 Internet 来管理企业与客户的关系、改变企业的业务处理流程、加强对企业信息资源的有效利用、辅助管理与决策。

5.2 C2C 商业模式

C2C 电子商务是消费者之间的网络在线式交易活动，即通过第三方电子商务网站为买卖双方提供一个在线交易平台，卖方主动提供商品上网，而买方则自行选购中意的商品，类似于现实世界中的跳蚤市场。早期的 C2C 平台以出售二手货为主，商品没有固定价格，通过买卖双方协商或拍卖的方式确定交易价格。所以，C2C 平台又称网上拍卖市场。

C2C 电子商务将传统拍卖交易模式和新兴的电子商务商业模式结合，通过网络强大的通信能力，顺利解决了传统拍卖在时间、空间、产品、交易成本、咨询和交通等方面的问题，加速了交易进行与市场流通，提高了市场效率。

著名的 C2C 网站有美国的 eBay 和中国的淘宝等。本节将重点介绍这些 C2C 网站的发展历程。

5.2.1 eBay 的创始与发展

讲到 C2C，就不能不提著名的拍卖网站 eBay，eBay 是全球最早的拍卖网站之一。

关于 eBay 和它的创始人皮埃尔·奥米达，有两个版本的故事。据说，奥米达当年之所以创办 eBay，是因为他的未婚妻韦斯利喜欢收集 PEZ（一种薄荷味的口香糖）的糖盒，却苦于找不到志趣相投者进行交换。这其实是 eBay 的公关部门为吸引公众注意而编造的一个善意"谎言"。

实际上是当时有一家叫 3DO 的视频游戏公司即将上市，奥米达早早就下了购买股票的订单，但最终只能以 15 美元的首次公开发行价（IPO）成交，高出内部发行价 50%。后来，虽然奥米达还是在这只股票上赚到了钱，但他仍然很生气，认为这个不是一个自由市场的合理运作方式，而解决办法就是在线拍卖，这才是一个公平且价格正确的市场机制。

于是，奥米达开始利用空闲时间为他心中的完美商店编制程序。1995年的劳动节，他躲在自家的卧室创建了一个拍卖网站。网站很简陋，昏暗的灰色背景，加上一块块蓝黑色的文本；功能也很简单，用户只能做三件事情：登录物品、查看物品和给出价格。

因为首选域名 EchoBay.com 已经被申请，奥米达只好注册了一个次优选择：eBay.com。奥米达将其视为个人嗜好，打算免费提供服务。奥米达在一个名为 Usenet 的新闻小组张贴公告宣传自己的网站。人们开始在这个网站上免费拍卖东西，逐渐发现这个网站的好处，互相传颂，计算机爱好者纷纷在自己的网站上插入 eBay 的链接，eBay 上登录的物品和流量稳步增长。这个现象引起了为奥米达提供家庭 Internet 服务的百思得公司的注意。百思得公司提出要按照一个商业账户的标准，即每月 250 美元收取网络服务费。奥米达觉得，为了自己个人嗜好而每月支付 250 美元太贵了，因此决定向用户收费。奥米达没有经过市场调查，便随意决定了收费标准：25 美元以下的商品收取售价的 5%，25 美元以上的则收取 2.5%。奥米达最初无法知道用户是否愿意付费，但当装有现金或支票的信件像洪水般涌入他的家门时，奥米达发现他的网站月收入超过了 250 美元！这使他那羽翼未丰的小网站自动升级，成为为数不多的从运行第一个月起就能获利的 Internet 公司之一！

收费约半年后，奥米达发现网站的收益已经达到了 10000 美元！他认为 eBay 已经成为一种真正的生意，于是辞去工作，找来了他的朋友杰夫·斯克尔——一位斯坦福大学的 MBA（工商管理硕士），开始创业。

其实，在奥米达之前，网上拍卖已经出现好几年了。与 eBay 同时存在的还有几个在线拍卖网站，例如，OnSale 于 1995 年 5 月启动，规模大，资金雄厚，拥有风险投资基金，受到包括《华尔街日报》等大众媒体的广泛报道；1996 年主持了 3000 万宗交易，差不多是 eBay 的 4 倍。又如，美国在线，拥有 800 万用户，有丰富的财务资源，也可能进入在线拍卖。幸运的是，eBay 完全靠众口相传就达到了极快的发展速度，拍卖数量以每天近 1000 宗的速度增加，月流量增长速度也达到 20%～30%。古玩收藏者是 eBay 增长的驱动力，到 1996 年末，钱币、邮票等几种收藏品是网站增长最快的商品分类。Internet 是合理确定这些物品价格的理想方式，将地理上分散的买主和卖主联系起来，比收藏者们长期以来所利用的收藏者展览会和跳蚤市场要好得多。从 1996 年末到 1997 年初的 4 个半月里，eBay 网站上登录的古董和收藏品增加近 350%；古董和收藏品占网站登录商品总数的 80%。

1997 年初的几个月里，eBay 的流量非常大，以至于人们后来称这段时间为"eBay 大洪水"。仅在 1 月网站就主持了 20 万宗拍卖，而 1996 年全年才 25 万宗。1 月下半月的短短两周时间，网站的点击次数从 60 万次陡升到 100 万次，eBay 的收入也随之陡升。eBay 所处的竞争气候也同样令人欢欣鼓舞：当时其他 C2C 网站每天的商品登录数量都不超过 3000 件，而 eBay 达到了 45000 件；美国在线、MSN 等主要 Internet 服务提供商还没有进入该领域，eBay 已经占领了 C2C 在线拍卖市场 80% 以上的份额。1997 年 10 月，eBay 已有 30 万个注册用户，每天主持 11.5 万宗拍卖。

由于网站发展迅速，又有了风险投资公司的支持，eBay 于 1997 年秋开始寻找下一任首席执行官,最终选择了梅格·惠特曼。1998 年年初,eBay 的注册用户近 50 万,第一季度的收入超过了 300 万美元,继续占领 C2C 在线拍卖市场 80% 以上的份额。eBay 开始筹划公开上市,并于 1998 年 7 月中旬向证券交易委员会正式递交了首次公开发行的注册声明书。1998 年 9 月,正值几十年首次公开发行市场最糟糕的时候,股市自 6 月开始下跌,道琼斯指数已由年初的高度跌下将近 25%,纳斯达克指数暴跌近 50%,许多公司不敢上市。然而,1998 年 9 月 23 日,eBay 的股票以 53.25 美元的价格开盘,上涨了 197%,eBay 的公司价值达到了 20 亿美元!

此后,eBay 更是加快步伐发展。表 5.1 列出了 1999—2006 年 eBay 发展大纪事。

表 5.1　　　　　　　　　eBay 发 展 大 纪 事

时间	事件
1999 年 10 月	进入澳洲市场
2000 年	继续向全球扩张,分别在加拿大、德国、法国和奥地利开设站点
2001 年	持续进行全球性扩张并改进服务平台,在拉丁美洲、韩国、意大利、新西兰、瑞士、爱尔兰和新加坡进行了投资。 eBay 网上商店诞生,大受欢迎
2002 年 7 月	收购了全球网上支付系统的佼佼者——贝宝(PayPal),令用户间的交易变得更加简单和安全
2002 年 3 月	向易趣网投资 3000 万美元,开始密切合作
2003 年 7 月	向易趣网增加投资 1.5 亿美元。 在《财富》杂志评选的 100 家发展最迅速的公司中,eBay 排在第八位
2004 年 7 月	eBay 中国开发中心在上海成立
2004 年 11 月	收购荷兰领先的分类站点 Marktplaats.nl
2004 年 12 月	在菲律宾和马来西亚推出本地站点
2005 年 4 月	进一步扩张欧洲市场,建立波兰站点和瑞典本地站点
2005 年 6 月	宣布收购全球领先的比价网站 Shopping.com。 eBay 迎来 10 周年
2005 年 9 月	收购网上通信公司 Skype
2006 年 5 月	eBay 香港(中国)站点正式上线
2006 年 6 月	eBay 台湾(中国)与 PChome Online 成立合资公司
2006 年 12 月	在中国与领先的无线互联公司 TOM 在线成立合资公司

在八年创业期内,eBay 花了五年时间才实现销售额超过 5 亿美元的目标,但接下来销售额以每年递增 5 亿的速度增长,在第八个年头突破了 20 亿。

eBay 的成长传奇给在线交易商和网络公司提供了很好的经验,主要有以下几点。

5.2.1.1　有效的商业模式

eBay 能够存活并创造利润的首要原因是其创造了电子商务世界中一种非常成功的电子商务模式——C2C 网上交易。这种交易模式的核心是"零库存",所有的商品都由客户提供,eBay 负责提供的只是一种服务——虚拟的网络拍卖平台。因此,其核心业务(拍卖)没有任何库存风险,而其他网站却经常为库存积压感到头疼。当年，奥米达劝说惠特曼加入 eBay 的时候，惠特曼惊讶地发现，eBay 的毛利率高达 85%，因为 eBay 除了电脑、人员工资和几张桌子，几乎没有其他费用！

eBay 使拍卖在电子时代不再局限于传统拍卖会或者清仓甩卖。eBay 将新的含义和新的形式赋予这种古已有之的交易形式，使拍卖商的商品超越时间和空间的限制，能够在极短的时间里接触到来自全世界诸多的潜在顾客。eBay 提供简单方便的交易，容许人们直接在办公室或者家中进行竞标；而且，这种交易建立在双方共同获益的基础上，极大地满足了人们买卖的需求。

这个商业模式使 eBay 走上正常的商业轨道，把公司和其他专靠广告收入的商业网站区分开来。雅虎 90% 的收入来自广告，失去广告，雅虎将面临严峻的生存问题；而 eBay 则不同，广告收入仅占总收入的 5%。如今，eBay 在美国网上拍卖市场独霸一方，占据了 85% 的市场份额。

更重大的意义在于，美国经济由于各方打击而陷入衰退之时，eBay 再次受益于其商业模式——经济萧条，商家和个人都急于把库存或积压商品拿到 eBay 网站转换成现金。因此，在美国商业哀鸿遍野之际，eBay 仍然红旗飘飘。

在 2000—2002 年国际网络世界动荡之际，eBay 非但没受影响，反而更快地扩张。2000 年，eBay 决定开拓网络商店，同时说动 IBM、戴尔、Palm 和 SUN 等大公司进驻商店。此举使顾客能够以比市场低的价格买到电脑和掌上电子设备等高科技产品，因此，eBay 的业务突飞猛进。2000 年，SUN 在 eBay 拍卖了价值 2500 万美元的电脑和其他产品，其他许多大零售商在 eBay 也占有一席之地。显然，大商家的加盟不仅把 eBay，而且把电子商务带进了新的阶段。

5.2.1.2 先行者优势

eBay 打败其他拍卖网站，先行者优势是一个重要原因。

（1）eBay 的注册用户已在网站上拥有一定的个人资产，比如，他们通过多次交易后的反馈而形成的信誉评价，卖家长期积累的客源，等等。如果换到其他网站重新开始，他们就必须放弃这些已经积累起来的无形资产，这对于用户，尤其卖家来说则是不小的损失。

（2）eBay 已经形成一个固定且庞大的用户群体，吸引着更多新用户的加入。eBay 已经形成了一种"良性循环"——互动技术只有在用户很多的时候才有价值。互联网 3Com 公司的创始人梅特卡夫将这一概念数量化，一个网络的价值等于用户数目的平方，即著名的梅特卡夫定律。每增加一个用户，不仅仅是增加一对关系，而是新用户与任何其他用户都建立了新关系。eBay 的这种关系是双向的：每个用户都可以和其他任何用户买卖商品。

5.2.1.3 虚拟社区的强大凝聚力

eBay 的虚拟社区运作得非常成功。一方面，社区是 eBay 会员相互交流的场所。eBay 会员可以提出或解答问题，就如何为商品定价、如何处理大量的邮件、如何收款等交流经验。用户花费大量时间谈论信息反馈得分，这些得分在网站上用分数或彩色星号在用户名称旁边标记出来，显示了顾客给予正面评价和参加评议的顾客人数。网络上鼓励的社区精神使这一自我监督体系显示出很高的效率，eBay 的卖家用户获得激励,不断努力提供出色的服务。社区同时是社交的场所,许多用户在这里聊天,聊各种话题,把这里看成欢乐的基地。另一方面,社区也是用户和 eBay 沟通的场所。奥米达和他的 eBay 员工会定期在社区里发帖子。eBay 关于网站的修改甚至都要经过社区讨论、认可才能实施。例如,eBay 有一次未经社区讨论就将一些带颜色的星章用于标记用户的反馈评级,结果引起社区的极大不满,最终由社区讨论,选用了新的颜色重新设计。再如,eBay 社区的名字——"咖啡馆",就是由社区投票确定的。斯克尔曾经在 eBay 的第一份商业计划里写道:对其竞争者而言,公司的两个关键优势是用户的数目和社区的实力。当后来主要竞争者试图进入在线拍卖领域时,我们可以清楚地看到社区对于 eBay 的生存发挥了多么关键的作用。

5.2.1.4 交易大众化

分析家们认为,eBay 是世界上唯一或少有的真正利用了 Internet 无限潜力的公司。它巧妙利用了电子邮件、留言板和自己的虚拟社区,建立了同顾客之间的纽带,并监督买卖双方的行为。eBay 的网站使小贩们得以参与一个庞大的市场,而公司从哪怕是最小的交易活动都能够收费。

此外,值得一提的还有 eBay 管理体系中的"商品分类"管理技术。通常情况下,电子商务网站应该按照卖方意愿建立商品目录,eBay 的做法却颇有不同:先追踪观察商品交易的活跃程度,再根据实际情况建立不同的目录;如果发现某类商品交易趋于火爆,就会极力推动这种趋势。例如 1997 年,eBay 成为美国领先的豆袋公仔(一种长毛绒玩具,非常讨人喜欢又适合收藏)交易场所,有超过 2500 个豆袋公仔在网站上登录,eBay 就设立了豆袋公仔分类;1997 年 5 月,在 eBay 上出售的豆袋公仔,价值达 50 万美元,占网站总交易额的 6.6%。eBay 还建立过芭比娃娃、猫王收藏品等特殊目录。

5.2.2 淘宝与易趣之争

在我国,C2C 电子商务同样是发展得如火如荼,有阿里巴巴旗下的淘宝、TOM 易趣、拍拍网、一拍网等。国内市场调研机构易观国际的报告显示:2007 年第二季度,淘宝网、拍拍网和 TOM 易趣按照交易额计算的市场占有率分别为 82.95%、9.00% 和 7.20%。

5.2.2.1 易趣简介

1999 年 8 月,两位哈佛商学院毕业生——邵亦波和谭海音,在上海创办易趣网,易趣取名为"交易的乐趣"。2000 年 1 月,中国互联网络信息中心(CNNIC)第五次"中国互联网络发展状况统计调查"结果显示:易趣网得票数高居国内拍卖网站之首,成为中国最受欢迎的拍卖网站。

2000 年 7 月,易趣推出个人网上开店服务,短短一周就吸引了 5000 多位网友"尝鲜",此举切实地培养出中国首批真正靠网络来赚钱的网民。2000 年 10 月,易趣与网易结成战略联盟;2001 年 7 月,易趣宣布开始对卖家收取商品登录费;2002 年 9 月,易趣开始对网上商品成交的卖家收取商品交易服务费。

2002 年 3 月,易趣获得美国最大的电子商务公司 eBay 的 3000 万美元的注资,并与其结成战略合作伙伴关系。2003 年 7 月,易趣获得 eBay 追加的 1.5 亿美元投资,并成为 eBay 全球大家庭中的一员。2004 年 7 月，易趣网推出新品牌——"eBay 易趣"（为方便起见，下文中出现的易趣亦指"eBay 易趣"），取自"易趣"与"eBay"的结合，昭示着中国的易趣与世界最领先的电子商务网站实现强强联手。

2002 年 3 月至 2003 年 6 月，eBay 共投资 1.8 亿美元完成对易趣的全资收购，进入中国 C2C 市场。由于 eBay 坚持对买卖双方收取交易费等原因，大量用户流失到淘宝网和拍拍网等竞争对手处。2006 年，eBay 向 TOM 低价转让 51％ 的股权，"eBay 易趣"更名为"TOM 易趣"，但 eBay 公司一直不承认在华合作业务的失败。直至 2008 年 5 月，eBay 新任首席执行官约翰·多纳霍在"高盛互联网峰会"上公开承认，eBay 此前与易趣合作的在华业务表现欠佳，该言论被业界认为是 eBay 首次承认在华合作失败。

5.2.2.2 淘宝简介

2003 年 7 月 10 日，阿里巴巴 CEO 马云在新闻发布会上宣布，阿里巴巴将投资 1 亿人民币打造 C2C 模式的淘宝网。话音刚落，会场一片骚动。因为电子商务巨头——美国的 eBay 公司已投资 1.8 亿美元接管易趣，实现了进军中国市场的战略目标。而 1999 年成立的易趣经历了中国网络经济的疯狂与寂静，可谓一枝独秀，占据着 70％ 的国内 C2C 市场份额，拥有良好的品牌优势和用户基础，eBay 由此在中国网络卖场中占据绝对优势。2003 年，国内网民对网上购物已不再陌生，易趣几乎是国内 C2C 的代名词。阿里巴巴此时叫板易趣和 eBay，简直就是发疯。其实，阿里巴巴早在几个月前就秘密打造了淘宝网，连大部分阿里巴巴员工都不知情，这次发布会只是第一次公开对外宣布而已。

课外案例 5.1
淘宝：C2C 与 B2C 融合的电商模式

淘宝网，顾名思义——"没有淘不到的宝贝，没有卖不出的宝贝"。淘宝启动后，只用了 6 个月时间就在全球排名前 100，9 个月排名前 50，12 个月排名前 20。2005 年年初，起步不到两年的淘宝拥有会员数突破 600 万；此时，发展已 5 年的 eBay 易趣的会员数是 1000 万。但是，除此之外的三个指标——商品量、浏览量、成交额，淘宝均超过 eBay 易趣。2006 年第一季度，淘宝在国内的市场份额就达到 68％；2007 年，淘宝的市场份额已占到 80％ 之多，彻底打败了 eBay 易趣，eBay 易趣后被 Tom.com 收购，更名为 TOM 易趣。2007 年电商市场份额见图 5.1。

数据显示，2010 年淘宝网注册用户达到 3.7 亿，在线商品数达到 8 亿。而截至 2012 年 11 月 30 日晚 9 点 50 分，其旗下淘宝和天猫的交易额本年度突破 1 万亿元，中国 2011 年的 GDP（国内生产总值）总额为 47.2 万亿元，与此相比，"淘宝＋天猫"的交易额约为 GDP 的 2％。根据国家统计局数据，2011 年全国各省社会消费品零售总额为 18.39 万亿元，"淘宝＋天猫"1 万亿元的交易额相当于其总量的 5.4％。

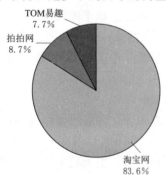

图 5.1　2007 年国内 C2C 电子商务市场份额

注：2007 年 C2C 电子商务市场规模为 518 亿元，市场份额以 2007 年各 C2C 电子商务平台成交商品总额计算；基于季度数据监测，经过年度数据统计核算及相关模型调整。

5.2.2.3 淘宝与易趣的竞争过程

当淘宝破茧而出时,它最初面对的不是祝福,而是"诅咒"。当时,C2C 市场是 eBay 易趣一家独大,淘宝被预言会在 18 个月内夭折。但 18 个月后,淘宝却在中国 C2C 市场上杀出重围。淘宝是怎样战胜具有先行者优势的 eBay 易趣呢?以下几个策略值得思考。

1. 免费策略

免费是淘宝迅速超越 eBay 易趣的重要武器。与竞争对手 eBay 和 eBay 易趣一开始就收费的策略不同,淘宝一开始就宣布两年免费,2005 年又宣布继续免费 3 年。淘宝实行了长达 5 年的免费,而且是彻底地免费,既不收开店费,也不收交易费。

如果双方在交易平台上相差无几,而淘宝不收商品登录费和交易费,对于成交与否都要交纳商品登录费的 eBay 易趣卖家来说,这是一个"馅饼"级的诱惑。但要卖家抛弃在易趣长期积累下来的信用评价和客源,投奔淘宝从头再来也不是一件容易的事情。eBay 易趣的卖家们想到一个变通的方法,即在淘宝开分店,以 eBay 易趣的信用招揽买家,然后到淘宝交易。如果可行就多一个免费渠道,何乐而不为呢?这就是"易趣展示,淘宝成交"做法的萌芽。到 2005 年年底,eBay 易趣迫于竞争压力,宣布开店免费,但交易费照旧收取。

"先免费,聚敛人气,占领市场;然后再收费",淘宝复制了阿里巴巴的成功经验。

2. 工具战

当然,淘宝自己也明白,如果交易服务平台没有足够的说服力,仅靠免费,并不足以"挖"来多少注册用户。所以,淘宝在平台方面着实花了不少心思,参照了 eBay 易趣的优点,也修正了对手的很多问题,在界面亲和力和客服人员的响应速度等方面都做到优于 eBay 易趣。

另外一个非常关键的问题就是支付。支付从一开始就是中国 C2C 网站的瓶颈,无论是淘宝还是 eBay 易趣,都绕不开这个瓶颈。从某种意义上说,谁先解决这个问题,谁将赢得市场。2003 年 10 月,淘宝抓住了支付风险这个人人回避的市场空白,试探性地发布了"支付宝"服务——买家将货款打入淘宝提供的第三方账户,确认收到货物之后,支付宝再将货款支付给卖家。这无疑大大降低了买家的风险,买卖双方对此当然是举双手赞成。由此,淘宝的会员注册数和成交率节节攀升。其实,eBay 易趣并非不知道这个问题,只是正忙着与 eBay 全球平台进行对接,无暇顾及;而 PayPal 支付系统受到政策性障碍,难以引入中国。eBay 易趣对"支付宝"的推出大感意外,但贝宝情结又难以割舍,前思后想仍是举棋不定。然而,eBay 易趣的犹豫无法挽住时间的脚步,同样也不能减缓淘宝前进的速度,时隔一年,淘宝借助"支付宝"之力,注册会员数突破 300 万大关,同比增长超过 1000%,单日成交额升至 900 万元。眼红心热的 eBay 易趣再也无法忍受远水不解近渴的状况,只好退而求其次,推出与"支付宝"相类似的"安付通",可惜新意寥寥、反响平平。

eBay 易趣为了扭转"安付通"的被动局面,在 2005 年 1 月 18 日,推出了一个为期 10 天的网络促销活动:只要通过安付通进行超过 50 元的交易,买家即可获得由易趣贴现的50元。事后证明，这种促销手段太具杀伤力，以至于易趣自身也未能幸免。活动开始仅一周，累计咨询量就达到130000次，每天处理3500个咨询电话，每天在线咨询高达14300人次。可惜，易趣并没有这个思想准备，近似疯狂的成交量使其支付体系一度处于瘫痪状态。因为易趣准备草率，规则含糊其辞，参与活动的买卖双方都抱着很大的投机心理。卖家故意抬价、买家随意恶拍的行为数不胜数，很多卖家的商品被拍下之后无人问津，而大量的登录费用和交易费用又索债无门，一些买家汇款之后却迟迟没有回音，遭受损失的买卖双方在易趣论坛中发表了很多激烈的言论。这次活动原本想推广安付通，却适得其反，安付通的可靠性大受质疑。尽管事后易趣对一部分卖家实施安抚，但不良影响远未消除。

2005年2月，淘宝以先行者的姿态承诺：在交易中使用支付宝，出现问题时，支付宝负责全额赔付。很快，淘宝网上70%的交易支持使用"支付宝"，支付宝的用户数攀升至200万。原本在易趣和淘宝都开店的卖家，在经历了易趣"安付通推广"的事故后，心头更为松动，开始考虑是否移师淘宝，以节约在易趣上的登录费用。于是，不断有易趣会员投向淘宝的怀抱，"易趣展示，淘宝交易"的模式越发蔓延。自此，淘宝步步为营，将拖泥带水的eBay易趣甩在身后。

3. 广告战

淘宝发布不久，易趣动用了巨资与中国的新浪、搜狐和网易等几大门户网站签订排他性广告协议，以封锁竞争对手的宣传通道。所以，很长一段时间，在几大门户网站根本见不到淘宝的踪影。但封锁毕竟不等于天下宵禁，就在eBay易趣认为行动卓有成效的时候，淘宝一面向媒体诉苦，指责易趣恃强凌弱，博取舆论同情；一面采用"以迂当直"的战术，绕开被封锁的门户，将广告直接投放到人气较旺的个人网站和共享软件上，钻出了一条网络"隧道"。此外，淘宝意识到：网络是虚拟的，但网站所争取的注册用户可是行走于大街小巷、真实的人。所以，淘宝紧接着不惜血本地向人流集中的路牌、灯箱、车身和电视媒体投放广告，赚取大量"注意力"，在这种常规渠道取得局部优势后，品牌和免费策略日渐传播开来。

2004年4月，淘宝宣布与冯小刚的贺岁片《天下无贼》进行全面合作，但并未引起外界的关注和联想。2004年年底《天下无贼》全国公映后，影片迅速成为舆论焦点。在人们为"傻根"津津乐道的时候，淘宝迅速杀出，"用支付宝，天下真无贼"的广告遍地开花，一个"傻根"、一句"无贼"将"支付宝"炒得尽人皆知。淘宝在《天下无贼》中组合运用了常见的广告贴片、海报宣传、新闻发布和道具拍卖等宣传推广手法，将这部电影的余热发挥得淋漓尽致，而前后总投入不过1000万元而已。尽管手法上并无明显的创新之处，然而热点的挑选和时机的把握都恰到好处，整体策划也极为出色，"支付宝"一炮走红，"安付通"相形见绌。2004年4月，Yahoo与新浪合作的"一拍网"成立，新浪撤掉易趣广告，易趣的广告"围剿"阵营悄然解体。

4. 心理战术

每隔一段时间，淘宝的公关人员便对外宣布注册用户数和成交额的增长量，对易趣实施心理战术。这些数字经过媒体的大加渲染，淘宝"茁壮成长"的架势压得易趣坐立不安。截至 2003 年年底，淘宝共吸收了 30 万注册会员，其中包含一部分易趣的会员。2004 年 2 月 2 日，易趣调低了自己的商品登录费用，这是 eBay 易趣采取收费策略后第一次"降价让利"，证明淘宝的免费策略和宣传攻势已经对其产生了一定的心理威胁。

5.2.3 其他 C2C 网站

5.2.3.1 百度进军 C2C

百度从 2005 年 8 月上市至今，已迅速从单一的搜索引擎扩张到"巨无霸"公司：除了在搜索上推出贴吧、百科、知道、空间等社区产品，百度在非搜索领域推出了百度币等相关的个人消费工具；2006 年开始，百度大力推行互联网门户；2007 年，全线打通百度注册账户在各种用户使用功能上的对接；2008 年 3 月，百度进入即时通信并推出了即时通信工具"百度 HI"。

百度近年来一直在为进军电子商务布局，致力于现有资源的整合，尤其是社区平台。有互联网分析师认为，尽管阿里巴巴目前占据着国内电子商务市场的绝大部分，但百度依然有机会。进军电子商务，百度将比腾讯拍拍网更具优势：从"聊天"到"电子商务"的距离有点大，但从"搜索引擎"到"电子商务"的距离就小多了。如果不是 TOM 横刀夺爱，百度可能会收购 eBay 易趣，直接进军 C2C。

2007 年 11 月 17 日，中文搜索巨头百度正式宣布进军电子商务领域，并将选取 C2C 作为突破口，并称百度 C2C 平台将在 2008 年推出，不排除采用独立域名，建立 C2C 网站来运营。2008 年 6 月 18 日，百度 C2C 网络交易平台正式在北京启动全国巡回招商活动。随着这场招商巡展在全国的铺开，百度 C2C 平台终于露出端倪，这也是百度公布 C2C 计划后最大的一次公开动作。9 月，百度宣布其 C2C 支付平台名为"百付宝"。10 月，百度正式宣布 C2C 网络交易平台的名称为"百度有啊"。

可以说，支撑百度进入 C2C 行业最大的资源是用户流量，作为中国流量最大、世界流量前几位的网站，百度"最不缺的就是点击率和用户"。而从全球范围来看，流量和用户始终是电子商务的基础。eBay 等电子商务平台往往是 Google、Yahoo 最大的客户之一，他们购买关键词广告的目的正是在此。对于百度而言，市场潜力只是看问题的一方面，从另一个角度看，找到如何将搜索和社区平台上的优势转化为利润的方法，才是百度近几年将面临的重要课题。在百度内部，决定一款产品是否重要的标准主要有三个：一是商业价值，看其对企业收入的贡献；二是看流量，是否能带来巨大流量；三是布局，就和进入日本市场一样，虽然短期亏损，但长期收益看好。

从百度的收入情况看，百度主要营收仍然来自其竞价排名广告业务，而这些广告基本都是产品类型的内容，不管百度是否能找到其他盈利模式以降低广告收入在总收入的比例，以达到控制风险手段，广告收入都是百度要首先确保和发展的。从任何角度，百度都需要把所有用户需要的东西都加入百度的社区进行多元化发展。C2C 无疑是很好的一条途径，C2C 短期无法产生营收没有关系，产品旗帜广告、关键词广告和百度现在最想得到的品牌广告有了新的载体却是现实可以看到的。用户通过关键词搜索到商品之后还不会跳转到其他网站，这正是百度希望达到的目的。马云主导的针对 C2C 平台客户推出的广告系统——阿里妈妈也是这样一个目的。

5.2.3.2 拍拍网

2005年9月12日，由腾讯公司开办的C2C网站——"拍拍网"正式上线，与其一起推出的还有一个类似于淘宝支付宝的产品——"财付通"。拍拍网明确表示将全力打造一个全新的"社区化电子商务"平台。2007年3月，腾讯拍拍网对外宣布，其在线商品数突破1000万，成为国内商品数超过1000万用时最短的购物网站。

与淘宝、易趣相比，拍拍最大的优势就在于背靠一个强大的腾讯社区化平台。依靠这一平台，拍拍与腾讯的其他业务深度整合，构造了一个新型的社区化电子商务交易链。在这个交易链中，以拍拍为核心融入了QQ、QQ群、QQ.COM和QQ空间等多元化资源，"拍拍＋＊＊"的全新概念，可以让用户在网络交易中体验到前所未有的互动和无限便捷。

在国内，QQ的活跃用户已高达2.5亿，几乎每个网民都有QQ号码。如此庞大的用户资源，如果将其成功转化为拍拍网的用户，其前景绝对可观。因此，拍拍从一开始就致力于实现与QQ平台的无缝连接。目前，二者的整合已经达到了很高程度。例如，拍拍的商品介绍可以在QQ对话的界面中出现，买家感兴趣可随手点击一下就能进入对方的拍拍网店，通过QQ与店主沟通购买；交易完成后，买家作出的信用评定会即时反映到卖家的QQ用户资料上。

既然是社区化的交易，建立起一个共有的交流空间就非常重要。拍拍不但有自己的社区页面，还利用QQ群为买卖双方建立起更紧密的联系。在这些专题社区和QQ群里，很多志同道合的人汇聚在一起，谈论兴趣一致的话题，关注自己共同喜欢的商品。在这个网络社区中，买家和卖家可以随时有针对性地互动交流。所以，拍拍依托腾讯社区化平台的优势，不仅可以促成交易，还有利于买卖双方关系链的形成，使拍拍更有黏性，形成良性的循环。

社区化电子商务交易链的建立，说明拍拍已经走出了一条属于自己的特色道路。它们充分发掘了腾讯整体业务布局中的潜能，并将之转化为拍拍网的差异化竞争优势，形成独特的用户体验，提升了用户的活跃度和平台黏性。这是拍拍网所独有的优势，是竞争对手所无法模仿的。

5.3　B2C 商 业 模 式

5.3.1　B2C 电子商务概述

B2C，即企业与消费者之间的电子商务，是消费者利用计算机网络直接参与经济活动的一种形式。B2C电子商务是随着Internet的出现而迅速发展起来的，基本等同于电子化的零售。B2C电子商务还可以进一步细分。

5.3.1.1　按商品种类

1. 综合型（或全品种型）B2C电子商务

综合型B2C电子商务，指销售产品数量与种类较多的B2C电子商务模式。如本章后面将要详细介绍的卓越网、当当网就属于这种类型。

综合型B2C电子商务的优点在于：能为顾客提供极为丰富产品，基本上满足顾客的全部需求，大规模经营可使平均成本下降，货物积压风险分散；缺点则是要求更多的人力、财力、仓库和其他资源的投入，管理成本也随之增加。

2. 专业型（或精品型）B2C 电子商务

专业型 B2C 电子商务，指专业销售某一类别或少数几个类别产品的 B2C 电子商务模式。例如，本章后面将要详细介绍的红孩子，还有新蛋网，主营 IT、数码产品和办公用品。

专业型的 B2C 电子商务的优点在于：利用相对较少的资源集中供应市场大量需求的产品，可满足市场百分之八九十的需求，经营相对轻松，能够保证服务和质量，少品种、多销量带来规模效益；缺点则是不能满足客户的全部需求，顾客很可能流向全品种模式的商家，货物积压风险集中。

5.3.1.2 按实物交易完成的客体分类

1. 电子商务企业建立网站直接销售产品的模式

这是指新兴的电子商务企业，自行组织产品供应渠道，构建仓储及物流配送体系，通过建立电子商务网站进行销售。例如，当当网和卓越网。

这种类型的 B2C 网站运营成本最高，业务流程复杂。一方面，这种大而全的模式，不仅需要网站自行组织产品供应渠道，还需构建仓储及物流配送体系，投入巨大，需要雄厚的资金实力做后盾；另一方面，网站在发展初期的相当长时间内，网站知名度不高，网站流量小，单个品种的商品销量小，网站从供应商的进货数量少，不能获得较低的进货价格，销售价与进货价之间的价差小，利润微薄，绝大多数中小型网站常常因后续资金不足而陷入经营困境。此外，由于缺乏零售经验；售后服务难以保障。

此类 B2C 电子商务的盈利途径在于压低上游供货商的价格，在采购价与销售价之间赚取差价。

2. 电子商务企业建立网站提供交易平台的模式

这是指电子商务网站，只为产品生产商或零售商与消费者之间提供一个交易平台，不必去组织产品供应渠道，或构建仓储、物流配送体系。例如，2008 年 4 月开始运行的淘宝商城，商家经过认证入驻经营，淘宝仅仅提供这样一个平台和认证机制而已。

显而易见，这种提供交易平台的销售模式，省去自建仓储及配送成本，可以将更多的精力和资源集中于网站的技术创新，网站运营成本相对较低。其盈利模式在于虚拟店铺出租费、产品登录费、交易手续费、广告费、加盟费等。

3. 制造商建立网站销售的模式

这是指制造商自行建立网站，进行销售，如电子工业出版社网站等。

这种类型的 B2C 电子商务模式，尽管可以充分依托已有的仓储及自己生产的产品，商品价格具有竞争优势，也不必另建仓储和开拓产品供应渠道，可以降低相应的运行费用，但由于产品种类少，难以吸引消费者的注意力，销售量小，不能形成规模经济，网站运营成本较高。

此类 B2C 电子商务的盈利途径是在生产成本与销售价之间赚取差价。同时，通过网上销售可以降低拓展营销渠道和广告宣传的成本，且扩大顾客来源。如 2000 年海尔集团投资 1000 万元成立了电子商务公司，研发筹建企业电子商务平台。于同年 4 月 18 日开通了 B2C 交易平台，即海尔网上商城。

B2C 电子商务帮助海尔为顾客提供个性化的产品与服务。通过电子商务网站，海尔可以与消费者直接充分沟通，消费者可以查询海尔产品资料、定制产品与服务、在线付款、获取产品使用维护常识等。B2C 电子商务也是海尔服务消费者的一个重要工具。海尔充分利用网络及电子化手段收集、整理、分析用户需求信息，并利用网络良好的互动优势与顾客直接沟通。为此，海尔还设立了网上服务中心。用户可以通过网上服务中心或热线电话进行各种咨询、建议，或是登记甚至投诉，而所有的信息都被录入服务中心的信息库中。由于纳入计算机系统管理，大大提高了海尔服务人员的工作效率，同时为用户提供了极大的便利。

事实证明，海尔推出 B2C 电子商务以后，受到了广大消费者的欢迎。截至 2000 年年底，海尔 B2C 的销售额达到 608 万元，并以每年 50％的速度增长。

4. 传统零售商建网站销售模式

这是指传统的零售商在传统的实体店销售外再建立网站进行销售。

这种销售模式，货源组织方便，可以整合传统零售业务的物流体系，而无须重建；具有丰富的零售经验；售后服务有保障；网站运营成本相对较低。其缺点在于缺乏经营电子商务网站的技术。

此类 B2C 电子商务的营利途径在于压低制造商（经销商）的价格，在采购价与销售价之间赚取差价。同时，也能通过网上销售降低营销渠道成本、广告成本等，且扩大顾客来源。

如国美电器网上商城，在 2005 年至 2007 年的销售额分别为 1 亿元、4.06 亿元和 10 亿元。很明显，国美网上商城在稳步前进。

5.3.2 B2C 网站介绍

5.3.2.1 B2C 的先驱——亚马逊

亚马逊网站是发展较早且获得成功的 B2C 网站的典型代表。亚马逊网络书店在短短几年的时间里，从 1000 多家同行中脱颖而出，成为全球最大的网络书店，在电子商务的王国里一飞冲天。起初，亚马逊根本算不上什么"大公司"，2003 年，即公司创业的第八个年头才开始真正盈利，年收入仅 50 万美元。亚马逊现在已经是美国发展最快的大公司之一，位列全美 25 家发展最快的大公司的第五名。目前，网站经营的产品除了书籍，还包括电影、音乐、软件、手提包、精美小食品、家具、美容产品等，真可谓琳琅满目、应有尽有。

1. 亚马逊的创始

亚马逊的创办人是杰夫·贝索斯（Jeff Bezos）。贝索斯在创办亚马逊前是华尔街 The D. E. Shaw and Co. 基金公司的副总裁。一次上网浏览时，偶然发现网络使用人数以每月 2300％的速度飞速增长。吃惊之余，贝索斯花了两个月的时间研究网络销售业的潜力与远景，然后辞掉工作，和妻子到美国西部创立网络零售业。

贝索斯起初拟定了 20 种可能适合于虚拟商场销售的商品，包括图书、音乐制品、杂志、PC机和软件等。贝索斯进行了对比分析，他发现书籍市场的潜力最大：首先，如果在网络上销售图书，要比传统书店架上所能陈列的数量要多得多；其次，美国每年出版图书近130万种，全球的书籍多达300多万种，而音乐制品只有约30万种；再次，美国音乐市场已经由6家大的录制公司控制，而图书市场还没有形成垄断，即使是老牌连锁店Barnes & Noble的市场占有率也只有12%；最后，读书是大多数人的业余爱好，被接受程度最高；另外，书籍的储运成本较低，且不容易在运送过程中损坏。因此，他最后选择书籍作为网络销售的突破口，并将公司地点选择在西雅图，因为那里是书籍发行商英格姆（Ingram）的大本营。

1995年7月，贝索斯在西雅图市郊贝尔维尤的一栋租来的房子里以30万美元的第一笔投资开始创业，成立了亚马逊书店。贝索斯不租店面，将一个车房改装成货仓和作坊，招聘了4名程序员，使用了3台"升阳"微系统电脑工作站和300个"顾客"测试网址。在这期间，贝索斯花了一年的时间来架设网站和完善数据库，仅软件测试就耗费了3个月。贝索斯给书店取名为亚马逊，希望它能像亚马孙河那样勇往直前。

1995年7月16日，亚马逊网站正式开通，一开始就有110万种图书，远远超过通常美国大型书店的单店15万种图书的规模。开张仅1个月，亚马逊的网上订单就遍及全美和45个国家。美国之外的人们也发现，亚马逊是一个订购英文原版书籍的好地方。

2. 亚马逊的发展

1997年5月，亚马逊股票上市，每股发行价是18美元，在不断拆细之后倒推，当时一股相当于1.5美元。对应网络股的环境，贝索斯不断融资，同时对技术平台和物流持续投资，当然也尽可能做了推广工作。

贝索斯认为，互联网商业非常开放，正如当时美国最大的实体书店——巴诺书店也推出了网上书店，在充分竞争的环境下，技术和品牌将是决定竞争力的关键。为了使物流更为顺畅，亚马逊开始自建仓库，每个仓库耗资5000万美元，而运营起来更费钱。为了维持现金流，公司不得不发了20多亿美元的债券。当然这引发了争议，似乎不吻合"轻公司"的特征。

1998年，公司的经营业绩取得了突破性的进展。销售收入达到了6.1亿美元，比1997年的1.48亿美元增长了313%。年累计服务顾客620万，相对于1997年的150万增长了300%。回头客购买量占总销量的比率也由1997年的58%提高到64%。这一年公司的经营业务和经营范围也得到了大力拓展。公司在美国新开了四项业务，分别是网上音乐商店、网上VIDEO商店、网上拍卖店和网上礼品商店。与此同时，公司还在德国、英国开设了分店。这些新的商务活动已经取得了骄人的业绩。公司第四季度的销售收入中有1/4来自这些新的商务活动。其中的网上音乐商店和网上VIDEO商店已分别成为各自行业的第一名。

1999年，贝索斯当选美国《时代》周刊本年风云人物，基于的理由是："革命性地改变了全球消费者传统购物方式。"贝索斯则回应："互联网承载着改善人们生活、增强人们权利的巨大承诺。能成为这个快速和奇妙变革的一部分，我感到非常幸运。"

虽然亚马逊的销售业绩表现抢眼,它却是一家亏损的公司。从1997年上市之后,亚马逊每一季度都要亏损几千万美元,1999年亏损突破1亿,全年亏损3.5亿美元,2000年不但延续了亏损,第四季度还报出5.5亿美元的巨亏,全年亏损达到9.72亿美元。因此,自该公司成立后,华尔街对它的质疑就没中断过。分析家指责亚马逊依靠借债维持运营,加之库存成本问题,每销售一件产品都是在赔本赚吆喝。

尽管如此,却并未动摇贝索斯的信心。2001年伊始,贝索斯不断承诺将尽早实现盈利。虽然人们对此表示怀疑,但贝索斯做到了。2001年第四季度,亚马逊的单季收入突破10亿美元,达到了11.2亿美元,实现盈利500万美元。2001年的一个亮点是,亚马逊开始替其他公司,如Toys R Us玩具反斗城、Target塔吉特打折商店和消费电子产品零售商Circuit City等传统型企业,管理在线商店和处理订货交易的业务。

2002年2月,亚马逊推出了购物100美元免费送货的政策,后来免费送货的门槛降低到25美元。试验获得了成功,有评论认为,免费送货使顾客心理发生了微妙的变化、压力得到了释放,两个季度以来,由于免费物流刺激的连带销售增加超过20%,而免费物流增加的成本仅仅是5个百分点。2002年,亚马逊全年收入虽然增长26%,达到39.3亿美元,但最终仍亏损1.49亿美元。

2003年是决定性的一年,亚马逊在当年前两个季度仍然亏损,但到第三季度实现了盈利,这是亚马逊首次在非假日季节期间盈利,也是其历史上第三次实现季度盈利。接下来的第四季度得益于强劲的圣诞节销售,收入为19.5亿美元,较上年同期的14.3亿美元增长36%,利润猛增至7320万美元,远远超过2002年的同期净利润270万美元。第四季度的良好表现最终使公司第一次全年盈利,虽然仅盈利3530万美元。全年销售额增长34%,达到52.6亿美元,每股收益8美分。图5.2为亚马逊1998—2004年的营业额和盈利的增长情况。

2006年公司的每股收益为45美分,销售额为107.1亿美元。2007年全年公司每股收益为1.12美元,销售额达到了148.3亿美元,比2006年增长39%,净利润为

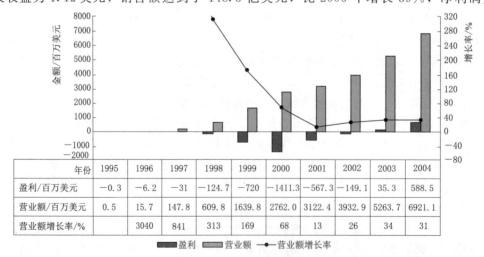

年份	1995	1996	1997	1998	1999	2000	2001	2002	2003	2004
盈利/百万美元	-0.3	-6.2	-31	-124.7	-720	-1411.3	-567.3	-149.1	35.3	588.5
营业额/百万美元	0.5	15.7	147.8	609.8	1639.8	2762.0	3122.4	3932.9	5263.7	6921.1
营业额增长率/%		3040	841	313	169	68	13	26	34	31

图5.2 亚马逊1998—2004年的营业额和盈利的增长情况

4.76亿美元,比2006年的1.90亿美元增长150%。2008年,亚马逊的每股收益1.49美元,销售额为191.7亿美元,比2007年增长29%。净利润为6.45亿美元,比2007年增长36%。

2008年5月,《商业周刊》发布了全球IT企业年度100强排行榜,亚马逊公司位列第一,苹果和黑莓设备制造商(Research In Motion,RIM)分列二、三名。

亚马逊公司从1995年创办至今,全球客户已达4000万,成为最受欢迎的购物网站;它在网络上销售的商品已达430万种;其股票市值更超过了300亿美元。亚马逊网络书店不仅是全球电子商务的一面旗帜,也是电子商务发展的里程碑,它创造性地探索了电子商务的每个环节,包括系统平台建设、程序编写、网站设立、配送系统等方面。

3. 亚马逊的成功因素分析

(1) 坚持"顾客第一"。亚马逊的做法包括:①设计了以顾客为中心的选书系统。亚马逊网站的选书系统可以帮助读者在几秒钟内从大量的图书库中找到自己感兴趣的图书。②建立了顾客电子邮箱数据库。公司可以通过跟踪读者的选择,记录下他们关注的图书,新书出版时,就可以立刻通知他们。③建立顾客服务部。从2000年初开始,亚马逊雇用了数以百计的全职顾客服务代表,处理大量的顾客电话和电子邮件。这些看似不起眼的服务工作,使得亚马逊网站在历次零售网站顾客满意度评比中名列第一。

另外,亚马逊研究顾客购书习惯,不断推出一些新颖的服务项目。比如,2006年3月,亚马逊网上书店推出一项名为"页购"的新服务,允许顾客购买网络版图书的一部分甚至一页。顾客购印刷版书籍后支付一笔额外费用,便有权阅读该书的亚马逊网络版。例如一本书价值20美元,购书者只需再支付1.99美元便有权阅读其网络版。

(2) 完善的物流系统。亚马逊的成功也得益于其在物流上的成功。亚马逊虽然是一个电子商务公司,但它的物流系统却十分完善,一点也不逊色于实体公司。亚马逊严格地控制物流成本,有效地进行物流过程的组织运作,在这些方面同样有许多独到之处。比如,选择外包方式的配送模式,将国内的配送业务委托给美国邮政和美国联合包裹运送服务公司(united parcel service, Inc.),将国际物流委托给国际海运公司等专业物流公司,自己则集中精力去发展主营和核心业务。这样既可以减少投资、降低经营风险,又能充分利用专业物流公司的优势,节约物流成本。亚马逊通过与供应商建立良好的合作关系,实现了对库存的有效控制,努力实行零库存运转。亚马逊公司的库存图书很少,维持库存的只有200种最受欢迎的畅销书。一般情况下,亚马逊是在顾客买书下了订单后,才从出版商那里进货。购书者以信用卡向亚马逊公司支付书款,而亚马逊却在图书售出46天后才向出版商付款,这就使资金周转比传统书店要顺畅得多。由于保持了低库存,亚马逊的库存周转速度很快,并且越来越快,2002年第三季度库存平均周转次数达到19.4次,而世界第一大零售企业沃尔玛的库存周转次数也不过在7次左右。

(3) 低价策略。亚马逊的低价格策略,不是对一小部分商品在有限时段打折,而是每天提供低价产品,并且把低价策略扩大到全部产品。亚马逊的调研显示,美国2002年最畅销的100本图书,如果在一般书店购买要1561美元,而在亚马逊网上书店购买只需1195美元,节约了23%;在这100本畅销书中,亚马逊网上书店有72种低于网下书店,只有3种比网下书店高,随后亚马逊调低了这3种图书的价格;同样这100本畅销书,亚马逊对其中的76种打折出售,而网下书店只对15种图书打折。这里,还没有计算顾客在网下书店购书需要花费的诸如交通费等额外成本。

(4) 始终保持技术领先。贝索斯认为,只有掌握先进的技术,才能保证经营低于竞争对手,网上的商品才可能有竞争性价格优势。不断创新,就需要有卓越的技术人才,而亚马逊最自豪之处就是拥有世界上最优秀的网络技术人员。贝索斯的选人条件也非常特别,他只看重人员的两个品质:卓越的才智和与众不同的性格特征。贝索斯认为,只有喜欢与众不同,才有可能去创新,也只有卓越的才智,才有可能创造出先进的技术产品。比如,网上快速选择技术,亚马逊在一键订购和其他强大技术的支持下,2002年亚马逊对图书的选择速度提高了15%,而对电子用品的选择速度提高了40%以上。

5.3.2.2 我国的B2C网站

1. 当当网

当当网上书店成立于1999年11月。确切地说,该公司从1997年就开始从事收集和销售中国可供书数据库工作。当当网由民营的科文公司、美国老虎基金、美国IDG集团、卢森堡剑桥集团和亚洲创业投资基金(原名软银中国创业基金)共同投资。1999年11月,当当网开始正式运营;2004年2月,得到老虎基金注资1100万美元;2006年7月,得到DCM公司、华登国际和Alto Global共同注资2700万美元。

当当网是国内领先的综合型B2C电子商务平台之一,总部设在北京,拥有北京、上海、广州三个物流中心。提供图书、音像、家居百货等多种产品。当当网在2010年大概有23亿销售额,其中图书占19亿。2013年涨到40亿。虽然图书占比最大,但图书以外的新品种比如说服装婴童等也开始增长。当当网俨然成为线上图书出版物零售领域的龙头企业。2023年,当当通过内容驱动,新媒体引流-货架电商接流的操作,覆盖到童书、文艺、社科、经管、生活和学考重点品类,打通了畅销书的通路。2024年,当当提出重点品销售10亿码洋,图书2600万册的目标。

2. 红孩子

2004年3月,一个名为"红孩子"的网上婴儿产品零售商出现了。这是一个新兴B2C电子商务公司,致力于通过目录和互联网使用户方便快捷地购买价廉物美的产品。2004年年底,红孩子公司就实现了盈利;2005年,红孩子接受首笔风险投资,与美国风险投资公司NEA和Northern Light共同出资成立红孩子(开曼)控股公司,注册资本金500万美元,沃尔玛全球高级副总裁任红孩子独立董事。截至2007年年底,红孩子已获得风险投资公司NEA、Northern Light和KPCB的三轮共计3500万美元的融资。

红孩子公司总部设在北京,分别在北京、天津、上海、苏州、无锡、南京、沈阳、大连、武汉、杭州、成都、广州、宁波、深圳、西安、青岛、长春有17家分公司，现已拥有母婴用品、化妆品、健康产品、自选礼品、家居产品五条产品线。红孩子公司从婴儿用品起步，力图搭建一条家庭购物的"高速公路"。所以，该公司定位就是一站式家庭购物平台，目标用户则定位为大中城市的年轻家庭，这与卓越网和当当网的公司定位和目标用户大大不同。

和亚马逊一样，红孩子的经营方式也是做网上买进、卖出的零售，但有两个特点：一是网络和书刊相结合，物流人员身兼送货、发刊、信息调查三项职能，在提高功能的同时摊薄成本；二是先以特色产品抢占市场，然后利用通道销售其他相关商品。

"红孩子"购物网从创立的第一天起，就确立了"网＋刊"的销售模式。所谓"刊"，是指定期发行的产品目录。利用婴儿用品供应商的数据库，红孩子将销售目录发到目标用户手中，这样就巩固了用户群，现在红孩子的大部分订单都来自目录销售。目录销售的优势很多：成本低廉、产品信息详细直观、目标用户集中，而且可以作为企业宣传和文化的载体，这种方式的用户认可度也很高。而"网"则是指电子商务。红孩子的网站刚开始只是辅助销售的网上商城，现在已经发展为Alex排名第一的中文母婴网站、全球最大的中文妈妈论坛，成为产品评价、育儿资讯、网友交流的综合平台。网站不仅帮红孩子实现了另一种销售方式，而且方便了与用户之间的交流，促进了公司业务的整体发展。

2006年，红孩子已经成为一个日销量过百万的企业，在全国重要城市开设了7家分公司，服务于全国各地的30万用户，是国内最大的目录销售企业。发展到这个阶段，红孩子公司开始更为关注服务质量的提高，尤其是差异化服务的体现。随着销售渠道日渐完善，红孩子公司不再把自己定位于单纯的母婴销售企业。红孩子公司对近20万户家庭进行的调查表明，90%的用户希望可以有更多的产品选择，于是在2006年8月增设了化妆品和保健品业务，并将陆续推出礼品自选，小家电等其他产品系列。红孩子要把B2C转变为B2F（F-family），延长产品线，不仅提供0～3岁婴儿的产品，还可以为孩子的妈妈提供化妆品，为孩子的祖父母提供保健品，以多系列产品充分开发已有的客户资源，不断拓展新的客户资源。截至2007年年底，红孩子网站注册账户规模已达315万，其中活跃账户达118万。2007年红孩子年销售规模为6.46亿元人民币，较2006年增幅超过300%，其中在线销售规模为0.82亿元，占总销售规模的12.7%。

5.4 B2B 商 业 模 式

5.4.1 B2B概述

B2B电子商务是指企业之间通过互联网、外部网、内部网或者企业私有网络以电子方式实现的交易。这些交易可以发生在企业及其供应链成员之间，也可以发生在一个企业和其他企业之间。B2B的主要特点是企业通过电子自动交易和沟通过程来提高自身效率。

通过B2B网站在买方和卖方之间搭起一座沟通的桥梁，买卖双方可以同时在网站上发布和查找供求信息。企业与企业之间的电子商务，是传统企业和新兴电子商务企业正在努力的方向。通过分类，我们可清晰地看出企业间商务关系和活动的变化。

5.4.1.1 根据服务的行业划分

行业性B2B电子商务（或垂直B2B电子商务），指聚焦于一个或某几个特定相关行业的线上B2B电子商务模式，如中国化工网等。

综合性线上B2B电子商务，指不限定或不完全限定行业领域的线上B2B电子商务模式，如阿里巴巴、慧聪等属于综合型B2B电子商务。

2007年《中国行业电子商务网站调查报告》的统计显示，综合类行业电子商务网站数量占24.38%的比例。

5.4.1.2 根据贸易类型划分

内贸型B2B电子商务，是指以国内供应者与采购者进行交易服务为主的电子商务市场，交易的主体和行业范围主要在同一国家内进行。

外贸型B2B电子商务，是指以提供国内和国外的供应者与采购者交易服务为主的电子商务市场，相对内贸型B2B电子商务市场，外贸B2B电子商务市场需要突破语言文化、法律法规、关税汇率等各方面的障碍，涉及的B2B电子商务活动流程更复杂，要求的专业性更强。

5.4.1.3 根据贸易主导主体划分

1. 中介为主导的B2B

这是广为所知的B2B模式。中介模式的B2B电子商务公司作为独立于买方和卖方的第三方存在，它是市场的建设者，为贸易双方提供一个网上自由接触、谈判直至最终交易的平台，为卖方扩大企业的商业机会，为买方提供多家供应商，因而对买方和卖方都有吸引力。

中介型B2B尤其受到中小型企业的青睐。中小企业自行开发电子商务平台的成本高，访问量有限。因此，中介型B2B逐渐成为中小企业发展电子商务的重要平台，其发展经历了几个阶段：从最初的社区，即为企业提供一个在线收集、发布信息与相互交流的场所；到利用在线目录，把企业及产品的目录登记到网上，供大家查询；再到在线交易，为企业提供在线交易的一系列工具。中介型B2B应该在相关企业中间提供整合业务流程的功能，增强企业间的合作和交互程度，将企业间的需求链和供应链紧密结合在一起。这种模式能帮助企业，尤其是中小企业突破自身能力与资源的限制，在更广泛的领域内开展竞争与合作，提高商业价值。

2. 买方为主导的B2B

这种模式需要产品或服务的企业占据主动地位，买方企业先上网公布需求信息，然后等待卖方企业前来洽谈和交易，通过网上发布采购信息，企业可以全世界范围内选择供应商。由于供应商的增加，企业可以在多家供应商之间进行比价，采购成本往往可以节约10%以上。例如，美国克莱斯勒汽车公司，过去只能向有限数量的供货商发送采购邮件，采用了"供货伙伴信息网"之后，这家公司可以实时向2万多家供货商提供诸如产品短缺、订单、保单、供货报告卡和价目表等关键信息，大大扩大了

课外案例 5.2
敦煌网商业
模式分析

选择范围、降低了采购成本。对于品种和规格繁多的零配件采购，自动生成采购订单，大大提高了工作效率、节约了人工成本。

这种模式下，买方企业一般是大中型企业，在供应链中处于强势地位。有时候，也可以由若干企业联盟，形成较大的市场采购量，建立采购网站引起供应商的兴趣。

3. 卖方为主导的 B2B

随着中介型 B2B 电子商务网站的发展，越来越多的中小企业能够彼此了解，增强交流，增加了与大企业进行贸易谈判的筹码。同样，在供应链上处于优势地位的大企业也开始担心这类网站的扩张会危及他们在供应链交易中的控制权，受到小厂商的结盟威胁。为了稳固控制权，大公司开始投入巨资打造自己的网站，要求下游厂商登录自己的网站来提交贸易单据，而不是在中介性的 B2B 网站里和他们谈判。公司可以针对不同等级的客户提供数量和价格的产品，如联想的销售网站，为批发商、零售商、代理商和普通消费者设置了不同的贸易界面。在这种模式中，提供产品或服务的企业即卖方企业占据主动地位，由该企业先公布信息，等待买方企业前来洽谈和交易。

当然，这种模式下，卖方一般是大中型企业，在供应链中处于强势地位。

5.4.1.4 根据企业间的商务关系划分

1. 以交易为中心

这种模式以企业之间的在线交易为中心，关注的重点是商品交易本身，而不是买卖双方的关系。其主要形式为在线产品交易和在线产品信息提供。前者一般以一次性的买卖活动为中心，交易对象为产品、原材料、中间产品或其他生产资料；而后者提供产品的综合信息，买卖双方在交易平台上除了提供产品和价格以外，还提供有关各自的生产和需求状况，以调节供需平衡。由第三方组织的 B2B 电子商务基本都是属于交易型。

2. 以供需为中心

这种模式以企业之间的供需关系为中心，关注的重点是生产过程与供应链。其主要形式为制造商和供应商所组成的 B2B 供应与采购市场。这种模式以制造商和供应商的供需活动为中心，以企业之间的合作关系为重点，通过 Internet 将合作企业的供应链管理（SCM）、客户关系管理（CRM）和企业资源计划（ERP）有机结合，从而实现产品生产过程中企业与企业之间供应链的无缝连接。这种供需为中心的电子商务通常以某个大型企业为中心，针对最终市场需求对上下游厂商进行整合。

3. 以协作为中心

这种模式以企业之间的虚拟协作为中心，不仅重视生产过程与供应链，而且更加关注协作企业虚拟组织中价值链的整体优化。其主要形式是企业协作平台、业务活动设计围绕协作而形成的虚拟组织内价值链的各个环节。在这种模式下，产品的规划、设计、销售和服务的整个过程，在世界范围内产生相关企业间最佳协作的组合，并且通过企业协作平台为整个产品生命周期中的业务活动提供有效的管理环境。

5.4.2 适合开展 B2B 电子商务的企业

B2B 电子商务能够给企业带来更低的价格、更高的生产率、更低的劳动成本和更多的商业机会；但并不是所有的企业采用 B2B 能够具有这些优势。一般来说，具有以下特点的企业更适合采用 B2B 电子商务，能发挥 B2B 电子商务的作用。

5.4.2.1 商务运作流程复杂的行业

商务运作流程复杂的行业如外贸行业。外贸活动涉及的机构除了企业，还包括政府的外经贸管理机构、海关、商检、银行、税务、保险、运输等部门；在贸易过程中要涉及企业进出口许可证的申领、报关、商检、结汇、出口退税等活动；在贸易运输过程中，又要涉及货物运输的订舱、单证传输、集装箱管理、船舶管理、货物跟踪等运作过程。整个商务运作如果用手工方式处理，工作效率会很低，而利用网络技术实现相关部门和企业的联网，利用现代信息技术处理外贸业务，就可实现商务流程各环节工作效率的提高。政府管理的电子化方面，实现了对企业进出口权的审批、进出口许可证的申领、核查以及进出口货物原产地证的发放、统计等实施电子化管理，还实现了自动化报关、税务结算等功能；网络贸易方面，企业则可以在网上进行贸易洽谈，自动生成双方达成的合法订单，待双方认可的中外金融机构确认后，完成网上付款、收款等贸易行为。所以外贸行业就非常适合开展 B2B 电子商务活动。

5.4.2.2 供应链复杂的行业

供应链复杂的行业如航空航天和汽车等行业。由于产品的构造复杂，这些行业需要的零配件种类繁多，企业非常有必要通过实施 B2B 电子商务就将各类供应商纳入自己的供应链网络，与其实时联系，保证库存供应。

波音公司有分散在世界各地有近千家零配件供应商，同时又要把飞机出售给多家航空公司。过去航空公司需要零配件，就要先找到飞机制造商，飞机制造商再同这些零配件制造商联系，零配件制造商把所有的零配件寄给飞机制造商，飞机制造商再寄给航空公司。如图 5.3 所示。

为了克服不必要的中转问题，波音公司建立了具有信息中介功能的电子商务站点和配套的管理信息系统，以支持供应商、客户与波音公司三者之间的网上直接交易。通过网站可以消除经过波音公司不必要的中间联系环节，航空公司通过网站直接了解各地零配件制造商的情况，直接和他们联系。而波音公司的售后服务部门的工作，则从接待各个航空公司的咨询和采购零配件的琐碎工作中解脱出来，而集中精力解决各个航空公司的技术难题，如图 5.4 所示。

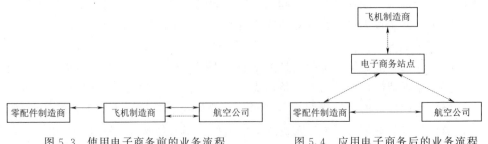

图 5.3 使用电子商务前的业务流程　　图 5.4 应用电子商务后的业务流程

实现企业间电子商务后，波音公司既降低了售后服务的运营成本，又改善了对航空公司的售后服务。图 5.3 和图 5.4 中的实线表示实物流，虚线表示信息流。

5.4.2.3 分销链复杂的行业

分销链复杂的行业如出版行业，出版社和书店数量多且分散，出版社和书店通过多层中间书商，即图书批发商和代理商联系。图书经过中间商的层层加价，成本变得很高，其结果是很大一部分利润被中间分销商赚走，出版社和书店的利润都受到很大影响。通过 B2B 电子商务，出版社和书店绕过中间商，直接建立联系，双方都受益匪浅。

5.4.2.4 购买信息复杂的行业

购买信息复杂的行业如医药化工行业。这些行业要求非常精确地确定产品的特性、成分、剂量和适用范围等信息，稍有差错就可能给客户带来无法估量的严重后果。采用 B2B 电子商务可以实现订购信息从计算机到计算机端的自动化传递，从而避免了人工信息处理过程中可能出现的差错。

5.4.2.5 原材料成本支出压力较大的行业

原材料成本支出压力较大的行业如造纸行业。原材料属于稀缺资源，受到环保部门的限制，采购成本很高。采用 B2B 电子商务，企业能够选择供应价格最优惠的供应商，降低原材料采购成本。

5.4.3 企业发展 B2B 的策略分析

电子商务是 21 世纪商务发展的必然趋势。在信息时代，如果不能充分利用信息技术，就必将被市场所淘汰。正因为此，各类企业都在积极实施或考虑实施适合自身发展的电子商务计划。一般来说，根据企业的规模、财力、企业信息化建设的能力等因素，可以有三种电子商务的实施策略。

5.4.3.1 自建 B2B 电子商务系统

资金雄厚、企业信息化建设完善的大企业一般自行建设一套 B2B 电子商务系统，并吸引其他供应商和客户加入。这种策略的好处在于该系统为企业量身定做，适合企业自身的业务流程，而且企业对电子商务系统具有较强的控制性；缺点是要求企业投入的人力物力很大，而且企业应在其经营领域中具有一定的领袖地位，否则难以吸引其他企业的参与。

5.4.3.2 其他企业建设的 B2B 电子商务系统

对于在其经营领域中不具有领袖地位的企业则可以选择以供应商或客户的身份加入其他企业建设的 B2B 电子商务系统。这种策略的最大好处在于减少企业建设 B2B 电子商务系统的成本，而且可以以此方式成为其他企业比较固定的供应商或客户，业务上有比较稳定的合作；缺点在于受到核心企业的控制，缺乏自主性。

5.4.3.3 加入第三方中介企业建设的 B2B 电子商务系统

这种策略适合于自己力量不够雄厚、企业信息化建设尚未成型的中小企业。加入中介型的 B2B 电子商务系统，无须投入建设资金，只需缴纳一定的服务费，便能在网上开拓市场。这种方式对于中小企业来讲，既节约了建设电子商务系统的人力、物力，又解决了因知名度不够而自建网站访问者少的问题。

企业实施 B2B 电子商务计划，不论其采取哪种策略，最关键的问题还是企业内部的信息化建设。只有企业内部信息化建设达到一定水平，才能充分发挥 B2B 电子商务的作用。否则,即使有良好的外部机会,但企业内部仍采用传统的手工处理方式,企业外部与企业内部的业务流程就会脱节,最终不具有较强的市场竞争力。

5.4.4 我国和美国 B2B 的区别

近几年,美国 B2B 电子商务市场交易额始终占据全球 B2B 市场交易额的 50% 以上,这与美国良好的网络状况、大量的高学历网民、完善的法律、电子支付手段、成熟的社会信用体制等一系列情况都是分不开的。

我国和美国的 B2B 电子商务应用有较大区别。首先,我国企业和美国企业存在较大差异。美国几乎在各个细分市场都形成了大型垄断企业存在的格局,这些企业的规模都比较大,而且都已经在内部实现了完整的 ERP 系统。因此,美国的 B2B 电子商务的核心不在两边的"B"上面,而是在"to"上面,最终的效果是两边企业的 ERP 系统直接通过 B2B 网站实现互操作。但是,我国大多数企业是中小型企业,企业规模一般较小,绝大多数企业都没有任何 ERP 系统。在阿里巴巴这些 B2B 网站出现之前,中国企业内部最普及的管理软件是财务软件,普及率也不到 50%。因此,中介型 B2B 电子商务网站受到中小企业的青睐,既解决了中小企业自行开发电子商务平台成本高的顾虑,又解决了访问量有限的问题。由此也可看出,中国的 B2B 网站一定要结合中国企业的成本构成,分析中国企业最需要解决的问题,遵照中国企业的内部管理方式,才能成功。其次,使用 B2B 电子商务的目的不同。美国是典型的"人贵物廉"的社会,通过自动处理可以减少人员。因此,美国企业使用 B2B 电子商务的目的是降低成本、加快流转速度,进而增加利润。根据 Aberdeen Group 的报告,美国典型产品的价格中包含 2.28% 的直接成本、2.36% 的间接成本、2.17% 的人员成本、2.13% 的税收和 2.6% 的利润。根据其估计,通过使用 B2B 电子商务,可以降低 15% 的直接成本和 70% 的间接成本。具体来讲,对一个订单的平均处理成本,如果使用手工模式需要 107 美元,那么使用 B2B 模式自动进行仅需 30 美元。此外,使用 B2B 电子商务,采购周期可以缩短 50%~70%。但是,中国的经济状况和美国大不相同,中国的人员成本相对较低,使用 B2B 电子商务,固然可以减少一般处理人员并降低成本,但是需要增加更为昂贵的专业人员,同时还要增加通信和设备等费用,总成本未必能够降低。我国中小企业运用 B2B 电子商务,更看中的是它提供了大量新的市场机会,能够更方便地开拓国际市场。

【本章小结】

本章回顾了传统电子商务的概念及三种主要的商业模式,即 C2C、B2C 和 B2B。重点阐述了 C2C、B2C 和 B2B 这三种商业模式的特点,相关企业的发展历程。

【课外阅读】

阅读书籍:亚当·科恩. 完美商店 [M]. 冷鲲,译. 北京:中信出版社,2003.
讨论:
1. eBay 在发展初期,相比亚马逊存在哪些竞争优势?
2. 如果没有淘宝,你认为 eBay 能否成功进入中国市场?

第 5 章
课后习题

第 6 章

新 零 售

【开篇案例】

2023年年底,由钛媒体举办的年度盛会T-EDGE全球创新大会在北京举行,王小卤凭借卓越的品牌力和创新营销策略,荣获2023 EDGE AWARDS榜单"年度消费品牌"奖。

王小卤作为消费品牌的代表之一,以其独特的品牌魅力和创新营销策略,在激烈的市场竞争中脱颖而出。这个以虎皮凤爪为主打产品的品牌,通过精准的市场定位和营销策略,成功抓住了年轻消费者的需求和喜好,成为卤味零食市场的一匹黑马。

王小卤的成功得益于其对于产品品质的严格把控和对于用户体验的重视。品牌坚持高标准、严要求,不断探索和突破跨界营销的边界,通过与各类合作伙伴的跨界合作,实现了品牌的多元化和差异化。比如与乌苏啤酒的联名,和夏日的旺季产品结合在了一起,拉动销量的同时提升双方的品牌量级。

随着卤味产品的不断推出,王小卤在营销策略上也敢于创新和尝试。在坚持做"追剧场景"营销的同时,也积极参与各类音乐节和营销节点的跨界联名活动,吸引了更多年轻消费者的关注和喜爱。未来,王小卤也将承载钛媒体认可的品牌创新力,为市场与消费者带来更多的惊喜体验。

【思考】

未来这类型的品牌会不会成为新零售的主流?

【学习要求】

观察新零售的各种形式,了解新零售的定义和特色。学习新零售的技术背景和熟悉典型应用。

6.1 什么是新零售

6.1.1 零售与新零售的定义

零售即是将处于商品流通中物品或者劳务卖给消费者的活动。国际标准产业分类对零售的定义是出售产品或服务的活动,这些活动是为了满足消费者及其家庭的需要。

零售业则是众多零售的集合,将所有为最终消费者提供产品和服务的零售结合起来的行业。零售业准确的定义尚未统一,目前较熟知的有两种:一是营销学认为零售商是一个中介,只是从生产商和制造商那里拿货然后进行售卖。另一种是美国商务部提出的所有的实体店,出售产品或服务给有需求的消费者的都是零售业。传统零售包括超市、便利店、专卖店、百货公司、购物中心等。近年来,零售行业的发展日新月异。在消费升级、分化的背景下,零售行业也创造出更多的消费机会和更大的市场空间。在电商分流、新兴商业模式涌现的大背景下,传统线下零售商面临着增速放缓的压力。具体来说,对于百货行业,分销模式下的百货销售价格偏高,相较于电商而言缺乏价格竞争力,且体量较大,转型存在一定困难;对于超市行业,国内传统大型超市多数仍沿用旧模式,即以销售库存商品为主要盈利来源,通常有着较高的库销比,周转速度相对较慢;对于专卖连锁,传统专卖连锁店服务标准各异,配送中心建设方面也较为落后,影响了连锁经营的健康发展。

新零售,是指企业以互联网为依托,运用大数据、人工智能等技术手段,对商品生产、流通与销售过程进行升级改造,并对线上服务、线下体验以及现代物流进行深度融合,进而重塑业态结构的模式。新零售是以大数据为驱动,通过新科技发展和用户体验的升级,改造零售业形态。

新零售强调对线上服务、线下体验以及现代物流进行深度融合。基于此,行业内的诸多零售企业开始转型,生鲜零售、无人店、小店、社交平台购物等逐步兴起。新零售模式逐步兴起,消费者不再需要亲自去商店把沉甸甸的物品背回来,而是"线上下单,产地直采,平台配送,按需供货"。背靠强大的物流网络系统、供应链能力和AI仓库,零售商们更高效地完成了商品销售,同时也改善人们的购物体验,见表6.1。

表 6.1　　　　　　　　　　新零售与传统零售模式比较

聚焦化:以消费者为中心	散发化:以产品为中心
数据化:构建消费者画像,打造数字运营	松散化:熟人模式,靠记忆与关系传承
个性化:产品定制,注重体验	大众化:消费者固定时间、固定地点、普通商品
场景化:线上线下融合场景销售	中间化:商品的多层渠道传递
社群化:聚焦目标客群,精准营销	单一化:千人一面,产品、备货、资金、物流按部就班

6.1.2　新零售的驱动因素

6.1.2.1　技术与政策

健全的网络基础设施和支持性的国家政策推动着先进技术在零售行业的快速普及与广泛应用。2015年,中国政府推出了"宽带中国"战略,首次把"宽带网络"定位为经济社会发展的"战略性公共基础设施",并在随后的3年投资超过1万亿元用以改善网络基础设施。不断完善和升级的网络基础设施为新零售的普及与应用奠定了设施基础,同时这些基础设施也逆向推动更多应用程序和服务的发展。在政策方面,云计算是"十二五"计划中的重点发展部分,政府颁布了一系列政策推动其在零售行业的发展。例如,商务部在2012年发布的《商务部关于"十二五"时期促进零售业发展的指导意见》中明确提出，要加大云计算等技术在零售业的运用，并开展"智能门店"试点。2016年，国务院办公厅发布的《国务院办公厅关于推动实体零售创新转型的意见》中指出，要利用大数据等技术帮助企业进行精准营销和科学选址等，实现组织创新和服务创新。

6.1.2.2 科技与变革

随着科技的快速发展和互联网的普及，传统零售业正面临前所未有的挑战。然而，正是这种变革的浪潮推动了新零售的兴起。新零售不再仅仅局限于传统的实体店面，而是采用了线上线下相结合的模式，实现了线上线下渠道的无缝连接。零售企业的传统组织结构和运营系统无法满足日益增长的数据计算与处理需求，因此开始寻求新的解决方案的产品和服务来处理这些数据。

6.1.2.3 消费与升级

消费市场的升级为零售市场的变革提供了牵引力。由于居民消费规模和种类日益攀升以及消费需求日益多元化，这对商品零售和消费需求的匹配精度以及消费体验提出了更高的要求。

党的二十大报告提出，实现好、维护好、发展好最广大人民根本利益，紧紧抓住人民最关心最直接最现实的利益问题。新零售的核心理念是顾客至上。通过对海量数据的收集和分析，零售商能够更精准地了解消费者的需求和行为习惯，进而个性化推送产品和服务。消费者可以通过电子设备进行商品浏览、选购、支付和交付方式的选择，极大地提升了购物的便利性和个性化体验。数据技术和人工智能在新零售中扮演着重要角色。通过实时监测和分析销售数据，零售商能够更加准确地预测市场趋势和需求，及时调整供应链和库存管理，避免过剩或缺货的问题。人工智能技术的应用则能够帮助零售商提供更智能化的客户服务，如智能导购和虚拟试衣间等。可见，新零售的发展契合了党的二十大报告所提到的关于改善民生、鼓励共同奋斗创造美好生活的精神。

课外案例6.1 盒马3.0：从新零售先锋到零售新生态构建者

6.1.3 新零售的技术背景

各大云厂商（阿里云、腾讯云、天翼云、金山云、华为云）推出以消费者为核心要素的零售行业云解决方案，对传统零售企业的硬件、软件和运营模式等进行改造和升级，实现消费场景的延伸、零售渠道的拓展，运营数据的转变和服务价值的升级。2019年，公有云在零售行业的应用市场规模达到81.9亿元。

随着云计算在零售行业应用深度和广度的不断发展，公有云厂商相继推出以"消费者"为核心的智慧零售云解决方案。这些云解决方案基于公有云基础之上，融合人工智能和物联网等技术，将传统零售渠道建立在可塑化、智能化和协同化的基础设施上，并依托新型供应链，实现零售活动的线上线下深度融合，并重构"人—货—场"的消费场景。同时，这些体系化的解决方案通过结合各家厂商不同的技术和产品，对传统零售企业的硬件、软件和运营模式等进行改造与升级，实现消费场景延伸、销售渠道拓展、数据应用转变和商业价值升级。

从总体上来看，各大云服务商的云解决方案具有多方面的革命性。首先，以人工智能、物联网和大数据等为代表的数字科技将贯穿消费全过程。这些方案通过在实体店内部署摄像头、智能货架等硬件设备，实现数字技术在线下门店的应用，从而帮助企业对消费者的进店、选购、支付等过程进行感知，并对相应的数据进行存储和分析，最终实现线下流量的数据化。其次，在渠道不断拓展的情况下，云解决方案运用多种方式加速融合线上线下的渠道，如消费者先在线上平台完成支付再到相应的线下门店体验，或者消费者先在线下门店注册再到线上平台进行交易，促进线上电商和线下零售走向融合与协作。最后，云解决方案都注重通过数据驱动模式帮助零售企业实现运营升级。云解决方案带来的互联网运营思维将改造零售企业的传统经营思维，帮助企业实现对数据的最大化利用，包括从采购、物流、消费到服务过程的全产业链覆盖，实现对全程的数据分析。此外，方案还将线上和线下平台的供应链、仓储等数据链打通并形成整体数据库，进而实现数据的一体化管理，为经营者的决策提供更广阔的视野。

【案例 6.1】

零售云业务中台＋超级 App，阿里云助力海底捞全面实现"云上捞"

阿里云是国内比较有名的平台。他们与海底捞合作，成功推出了新零售模式。

海底捞品牌创建于 1994 年，历经 20 多年的发展，海底捞国际控股有限公司已经成长为国际知名的餐饮企业。截至 2020 年年底，已在中国（含港澳台地区）以及新加坡、美国、韩国、日本、加拿大、澳大利亚、越南、英国等国家和地区经营 1298 家门店。经过 20 多年的发展，海底捞建立了各种各样的系统，包括点餐收银、会员管理、供应商管理、库存管理等 136 个系统。但是在 2016 年之前，所有这些系统都不是部署在云上，而是在传统 IDC（互联网数据中心）机房里的，扩展困难，故障率较高，容易遭受攻击，造成网络拥堵。原有的业务受到了极大挑战；比如海底捞原有的业务系统过于分散，无法最大效能地支持业务模块扩张技术需求。基础设施方面传统 IDC 的扩容、故障率等掣肘业务的发展。客服系统中热线客服人员众多，但效率低下、人力成本高。营销方式落后，停留在门店线下营销，无会员标签，老会员的复购也没有对应的营销方式和工具。门店的设备众多，无法互联互通统一管理，能耗成本高。传统餐饮行业依靠人工经验判断补货，存在不准确等情况。

阿里云根据海底捞的餐饮运营情况，在旗下零售云中台为其提出了解决方案。

通过业务中台，对海底捞历史的会员数据进行统一，搭建了会员中心和营销中心，解决了线上和线下会员 One ID 问题，整合了海底捞点评、饿了么平台、超级 App 和第三方 POS 等平台上营销触点，统一了卡券的发放和核销。通过建设数据中台，搭建海底捞消费大数据平台，从注册会员到黑海会员自动化晋升体系，让会员体验更流畅、业务更高效。通过数据中台搭建了海底捞完整的指标体系，打造了从消费者营销分析、门店销售和库存数据分析到供应链工厂和中央厨房库存、采购数据分析、财务利润和费用管控数据分析的数据体系。通过超级 App，打造了海底捞消费者营销阵地，统一了海底捞会员拉新入口和会员运营核心阵地，同时加入会员互动和社交的功能，整合从预订、点餐、收银结算到评价的全链路运营阵地。通过数据资产管理平台，搭建了海底捞数据的产生、权限以及运营的统一管理模式。通过阿里云技术支撑，海底捞将门店设备，如配锅机、后厨机械臂、传菜机器人、冰箱、空调等统一到海底捞物联网（IoT）平台，统一状态监控和自动化控制。通过智能对话机器人云小蜜平台，打造了在线和热线机器人，链接线下各个业务系统，打造智能化服务平台。

另外，阿里云帮助海底捞提升客户价值，建立海底捞全渠道运营能力。使用业务中台技术，重构客户CRM体系，满足近8000万会员的用户管理和千万级营销的需求，建立海底捞全渠道运营能力。

通过超级App，重构线上与消费者的交互方式，增加与顾客的社交触点，打造统一消费者阵地，重构了海底捞的营销方式，使用数据中台技术构建消费者运营体系，增强品牌与用户的情感连接，提升用户满意度。通过数据中台的建设，真正实现了海底捞智能化数据分析的目标，提高了消费者营销、门店分析、供应链和财务分析的效率。通过数据资产管理平台，实现了海底捞数据资产化管理，推动海底捞数字化从应用层建设扩展到逻辑层、物理层建设。通过IoT技术，海底捞综合厨房管理系统打通了业务应用系统和设备层的链接，实现了海底捞锅底配方个性化服务。智能化客服平台应用使沟通效率大幅提升，客服人力成本得到有效控制。

总体来说，阿里云助力海底捞全面实现了"云上捞"。

海底捞首席信息官邵志东回顾了海底捞数字智能化发展的历程，数字化既是发展问题又是生存问题，是业务的发展、技术的发展，自然而然地在驱动企业的数字化进程。2016年，海底捞开始将核心业务系统陆续上云。2018年，海底捞和阿里云合作搭建数据中台、业务中台和移动中台的基础架构，并在此基础上升级了海底捞超级App，重构了会员体系。同年，海底捞在北京开设了第一家智慧餐厅，采用了自动配锅机、智能传菜机器人和智能厨房管理系统。2019年，海底捞的订餐排号系统搬上云端。到2020年，海底捞将自动配锅机和智能传菜机器人推向了数百家门店，同时，后勤行政系统也上云，从前端到后端所有核心业务系统全部上云，海底捞至此全面实现了"云上捞"。

阿里云技术人员称，阿里云的产品已经深入餐饮行业，为该行业深度定制解决方案，融于行业的方方面面。据介绍，阿里云海量弹性高并发的产品能力，可以支撑餐饮商家的系统在高峰期不会因为大量业务并发而"宕机"；而在低峰期，弹性伸缩则帮助餐饮商家节约成本；阿里云的AI、IoT能力，可以帮助餐饮企业门店升级，引进智能设备进入餐厅，在提高效率的同时，提升客户体验。阿里云的中台能力、业务在线化与决策智能化和餐饮企业的深度合作，帮助企业与消费者更好地连接。

在阿里云看来，零售化、智能化的雏形已经出现，展望未来，餐饮业态肯定会逐渐丰富，越来越多的餐饮企业开始关注数智化转型，从系统、硬件、AI等领域全面投入，而这正是阿里云的优势，阿里云的达摩院、平头哥、IoT等技术部门已经将新技术落地，为未来数智化餐饮行业的发展做好了准备。

思考：海底捞的数字化带给你什么启示？

6.2 新零售的特征

6.2.1 渠道一体化

一体化,指多渠道深度协同融合成公域私域"全渠道"。现今,消费者随时随地出现在实体门店、淘宝京东电商平台、美团等外卖平台、微店及网红直播频道等各种零售渠道。零售商不仅要打造多种形态的销售场所,还必须实现多渠道销售场景的深度闭合,才能满足顾客想买就买的需求。

【案例 6.2】

麦当劳的全渠道

以麦当劳在中国市场为例:2017 年,麦当劳推出首个品牌小程序,成为麦当劳品牌数字化的一大里程碑;2020 年,麦当劳实现了品牌小程序的迭代升级,通过线上线下多渠道进行积极推广,沉淀了规模化的私域流量。2021 年,麦当劳已实现"公众号+小程序+视频号+社群"的私域布局。目前,麦当劳的小程序生态已累积了 1.6 亿会员,国内会员数超过 2 亿,社群数量达到 4.5 万个。

麦当劳十分重视品牌的曝光和营销的效果,无论是传统的线下广告投放,还是像抖音、小红书这类新兴平台的运营,都是麦当劳寻求增量和留存的重要抓手。

从私域来看,麦当劳的引流方式如下。

公众号:"麦当劳"公众号在菜单栏内有私域社群的引流入口,具体路径:公众号菜单栏"关注我们"-麦麦福利群-扫描二维码添加客服微信-客服邀请入群-进入社群。

小程序:麦当劳有 3 个小程序,分别有着不同的功能,方便不同需求的用户使用。

小程序"麦当劳":主要展示福利信息、会员功能、点单服务、外卖服务以及积分商城。

小程序"麦当劳在线商店":主要售卖麦当劳周边产品。

小程序"i 麦当劳开心小会员":主要做生日派对服务,有不同的主题可选择。

在小程序"麦当劳"的主页中,会展示离用户当前位置最近的麦当劳门店,并且可以加入到该门店的社群中,引导用户进入社群领取福利。

从公域来看,麦当劳的流量投放如下。

视频号:主页链接了公众号,通过公众号引导至私域池。视频内容以品牌宣传、产品种草、情景剧场为主。

小红书:麦当劳在小红书中相关的笔记达到 58 万+篇,用户自发种草和曝光的频率非常高。官方账号目前粉丝达到 15.5 万,笔记内容以产品种草、新品上新、活动宣传为主。

抖音:麦当劳在抖音有 4 个账号,总粉丝数量超过 400 万。视频内容包括品牌宣传、新品上市、产品种草、情景剧等,账号主页都放置了官网的链接进行引流。

B 站:麦当劳的粉丝目前达到 18.6 万,发布的视频内容以品牌宣传、产品种草为主。

微博：麦当劳在微博目前粉丝数174万，其微博发布数量达到了17000＋条，翻阅最近几天的微博，几乎每天都保持5～7条的发送频率。内容以活动宣传、产品种草、新品发布、有奖互动为主。

支付宝生活号：麦当劳在支付宝还设置了生活号，目前有738万人使用过，里面的动态内容以新品发布、活动信息、产品安利为主。

社群：麦当劳在国内共拥有超过2亿的会员，并组建了4.5万个社群，社群中超过90％的成员都是麦当劳会员，但这么庞大的私域基数，麦当劳却并不以"卖货"作为KPI。麦当劳的社群，更多是起到服务用户的作用，承担起与消费者沟通和服务的功能。

群特征如下。

人设定位：定位是餐厅经理，采用经理真名作为名字，给予了用户更真实、更信赖的感觉。

自动欢迎语：添加员工微信后会自动发送欢迎语，第一时间会发送点单小程序，告知近期新品、福利活动，以及社群的二维码。让用户第一时间进入社群，提升了社群的进群率。

朋友圈内容：更新频率为1～3条/周，主要内容以产品优惠券为主。

社群基本信息：

群昵称："品牌＋区域＋类型＋社群编号"，例：麦当劳杭州蓝钻天成餐厅群8

群定位：福利、活动宣传、上新通知群

群规则：用户在入群后会第一时间收到入群欢迎语，告知社群福利。在群公告里明确写了群规和活动预告。

群内容：

社群主要内容包括介绍品牌福利活动、互动游戏、推广品牌等。并且内容都有固定的安排，每周一至周末都会设置不同的福利活动。

08：00：早安问候时会推荐早餐套餐。

11：00：产品活动推荐。

14：00：周五固定社群专属互动，发送互动主题和规则。

16：00：提醒互动结果会在19点公布名单及发放奖品。

17：00：产品活动推荐。

22：30：服务官会提醒今日福利已派送完毕。

另外，麦当劳在2018年起就开始推出会员服务，后续也加入"付费会员"的行列。简单拆解麦当劳的会员体系，包括两块：付费会员卡和积分体系。

付费会员：麦当劳的付费会员有三种，针对不同的人群和使用场景，设置不同主题的卡种。

积分系统：用户可以通过消费获取积分，积分可用于抽奖、兑换优惠券和礼品。

此外，麦当劳咖啡还有独立的积分体系"积点卡"。同样用户通过消费获取积点，积点可以兑换咖啡产品和咖啡杯。

在拉新方面，麦当劳在私域渠道和点单系统内设置了裂变的入口，通过福利诱导，不断拉进新用户，保持私域的规模和活力。

点单裂变：当用户购买麦咖啡系列产品后，平台会推送优惠券裂变的活动，类似于瑞幸咖啡送券的方式，双方都能获得优惠奖励。

送礼裂变：用户在麦当劳小程序内可以选择不同的付费会员（价格在9.9～39元之间）送给对方，如选择19.9元的麦卡月卡点击赠送，购买相应的赠送数量，可送一个人或多人，以这样的形式进行裂变。

会员卡：麦当劳还专门设置了饮品类的麦有礼裂变活动，可选择不同的主题卡片，把饮品赠送给个人或多人。

如此形成了麦当劳的新零售营销矩阵，如图6.1所示。

图6.1　麦当劳微信公众号头条底部营销矩阵九宫格

思考：你认为其他国际快餐连锁店可以从麦当劳学习什么？

6.2.2　经营数字化

经营数字化，指企业通过互联网数字化把各种行为和场景搬到线上去，然后实现线上线下融合。零售行业的数字化包括顾客数字化、商品数字化、营销数字化、交易数字化、管理数字化等。数字化是通过IT系统来实现的，所有数字化战略中，顾客数字化是基础和前提。

举例来说，地理位置服务（location based service，LBS）是一项通过利用地理位置数据为用户提供与其位置相关的信息、娱乐或安全服务的技术或服务。这项技术可以通过手机的 GPS（全球定位系统）、Wi-Fi、RFID（射频识别）和蜂窝技术等多种方式来追踪用户的位置，前提是用户允许获取定位权限。一旦用户授权，该服务就能精确地确定用户的位置，无须手动输入地址。经营数字化将地理位置服务与推荐系统相结合的创新。它利用 LBS 技术，通过分析用户的地理位置和行为数据，为用户提供个性化、精准的推荐。例如，当用户接近某个商店时，LBS 推荐场景可以向用户推送该商店的促销信息或特别优惠，从而吸引用户进店购物。这种推荐方式不仅可以大幅提高用户体验，还能提升零售商的销售效率。

推荐系统通过分析用户的历史行为和偏好，为其提供个性化的推荐内容。常见的推荐算法包括以下几种。

（1）协同过滤利用用户的行为历史和相似用户的行为，为用户推荐与其兴趣相符的内容。

（2）内容过滤则根据物品的属性和用户的偏好进行匹配。

（3）混合过滤结合了协同过滤和内容过滤的优点，提供更准确的推荐结果。

LBS 技术能够利用用户的地理位置信息，帮助推荐系统更准确地了解用户的行为和需求。

星巴克（Starbucks）的 App 会通过 LBS 技术识别用户的位置，当用户身处星巴克所拥有的地理围栏（是一种虚拟地理边界技术，用户在进入某一地区地理围栏时触发自动登记）区域内时，对食物和饮品感兴趣的标记用户就会收到一条短信，提供附近星巴克分店的折扣信息。这种个性化推荐不仅吸引了更多的用户进店，还提高了用户的满意度和忠诚度。

6.2.3 门店智能化

门店智能化指用智能技术改造传统门店的创新做法。大数据时代，"一切皆智能"是必然。门店智能化可以提升顾客互动体验和购物效率，可以增加多维度的零售数据，可以很好地把大数据分析结果应用到实际零售场景中。在零售行业，商家数字化改造之后，门店的智能化进程会逐步加快，但脱离数字化为基础去追求智能化，可能只会打造出"花瓶工程"。

一个典型的智慧门店解决方案在零售门店的落实，会利用 IoT＋AI＋Big Data 技术，增强客户体验，提高销售业绩。可以从提升客户体验的角度提升访客识别、智能导购等。

从数据效率角度提升转化率：客流分析、人脸识别、VR/AR（虚拟现实/增强现实）、智能广告牌、云货架等；从企业财务角度运营降本增效：电子价签、智能货架、自助结账、移动支付等。

【案例 6.3】

Amazon Go 无人购

以美国科技公司亚马逊旗下的无人便利店 Amazon Go 为例，其第一家便利店于 2016 年 12 月 5 日向亚马逊员工开放，2018 年 1 月 22 日向公众开放。

顾客进店前只需下载 Amazon Go 的 App，将其与亚马逊账户进行关联。顾客进入 Amazon Go 前打开 App 生成一个二维码，扫描此码就可进入便利店。进入便利店后，顾客可以像在普通便利店那样选购商品，只不过购物结束后不用结账就可直接离开。不久，手机就会收到 Amazon Go 发来的账单，并自动在关联的亚马逊账户扣款。

Amazon Go 的无人便利店安装了大量摄像头，用于识别顾客的各种动作，如顾客在哪个货架前停留的时间、购买哪种商品较多等。根据这些数据，Amazon Go 可以随时调整便利店商品的种类、商品布局等。作为智能化的管理方法，它代替了传统依靠售卖者经验管理便利店的方式，实现了对顾客信息的自动化捕捉。因此，数字化也被称为数智化。

不过，Amazon Go 的无人便利店并非真的完全无人，有员工在门口欢迎顾客及答疑解惑，便利店里面有人制作各种鲜食，如三明治和沙拉。另外，由于美国禁止 21 岁以下的人饮酒，因此酒类售卖区还有专人查看证件。

Amazon Go 最大的突破在于省掉了收银的环节，即没有排队，没有结账，真正实现"拿了即走"。从这些方面看，Amazon Go 是将"无人与有人"相结合的一种零售业态形式。

截至 2023 年 9 月，亚马逊已经在纽约、西雅图、旧金山和芝加哥等城市开设了 22 家 Amazon Go。

思考：在中国什么样的场合适合推广无人购？

6.2.4　商品场景化

商品场景化指商品跳脱传统商品本身，融入场景的新尝试。新零售将覆盖越来越多的场景，无论是小区、街道、商业区、车站、机场，还是写字楼、学校、电梯等，只要有购物需求的地方就会得到满足，没有购物需求的新零售创造需求。现在无人货架或自动售卖柜进入越来越多的办公室，甚至连出租车上都出现了自动售货架。线上来说，第三方平台为品牌开展线上业务提供了载体和渠道，近年来涌现了一批诸如小红书、抖音等高流量平台，通过网红、明星带货、种草，已经取得了非常不错的销售业绩。本质上来看，电商的核心盈利来源是平台服务费用，其中主要包括商品销售收入的扣点，即从收入中分成的部分。此外，由于平台掌握着丰富的数据资源，数据分析这一增值服务也逐渐成长为盈利的重要组成部分，帮助商家精准对标，寻找合适的场景，提高营销效率并有效反馈，完成销售闭环。

【案例 6.4】

每日黑巧的种草与拔草

每日黑巧是最近几年出现的可可含量高、含糖量少、偏苦的小众巧克力品牌。

在市场教育还未成熟的情况下，该企业如果用大规模的推广手段，就会覆盖到非精准人群，造成资源的浪费。在资源有限的情况下，品牌从线上和线下同时发力，塑造了一个全新全面场景化的新零售模式。

在品牌创立初期，每日黑巧采用的是典型的线上圈层营销打法，从平台、KOL（关键意见领袖）、健身场景、媒体等多维度切入。先在核心圈层完成体验互动，在种子用户中产生口碑，当口碑积累到某个临界点时，再通过大众事件来引爆，形成流行。在初始阶段，基于自身品牌特性，每日黑巧重点关注的是需要塑造"人设"的潜在消费者，如爱美主义者、素食主义者、喜好"无添加"等追求健康的人群，选择在B站、小红书、抖音等社交平台进行种草营销，打造各类场景话题；比如，针对学生用户和脑力强度大的用户，黑巧是饱腹解压零食；针对减脂需求的用户，黑巧是好吃不怕胖的零食、低糖高膳食纤维零食等；同时，传递爱情、亲情、友情的情感连接场景，明星同款巧克力也是每日黑巧的重点。在此基础上，进一步渗透至健身圈层、瑜伽圈层等。

为此，每日黑巧在种草时，会重点关注微信公众号、小红书等重点平台的KOL，选择投放瑜伽类别的大号，吸引瑜伽爱好者。而线下活动、跨界活动也是与瑜伽馆等品牌合作课程，相互赋能、引流，进行更加深度的合作。

品牌发展到一定程度，在小众圈层打开知名度后，每日黑巧开始获得资本的青睐，并开始调整传播策略，采取的是高打高举的策略。头部主播直播带货：2020年，每日黑巧开始频繁出现在头部主播的直播间，让品牌成功"出圈"。牵手S级综艺：每日黑巧还赞助了爱奇艺多部S级综艺，如《中国新说唱2020》《潮流合伙人2》《青春有你3》，基本锁定了爱奇艺青春潮流向的热门资源，在年轻人聚集的综艺频繁刷脸。赞助运动赛事：每日黑巧选择性地赞助了运动赛事，瞄准健康运动人群。通过与潮流、时尚、运动领域头部资源的合作，每日黑巧快速建立品牌知名度，同时抓住目标客群。流量明星代言：每日黑巧首位代言人是深度捆绑爱奇艺综艺《青春有你2》中圈粉无数的刘某某，此外还签下了一线流量明星王某某为全球品牌代言人，并推出每日黑巧×王某某"每日幸福陪伴"礼盒把明星经济玩得风生水起。

每日黑巧的线下终端以便利店为核心。产品投放入全家、罗森、7—11、便利蜂等便利店。除此之外，盒马、屈臣氏、万宁、家乐福、永辉等也是每日黑巧入驻点，且线下已经占到了整体销售额的60%。在营销玩法上，每日黑巧也是推陈出新，比如，跟喜马拉雅这样的平台合作做订阅式的尝试；消费者购买了喜马拉雅的月会员，每日黑巧会通过盲盒的形式给他们寄送一个月分量的巧克力。

通过这样的用户教育和场景的打造，将产品做到真正的高频。从每日黑巧的增长策略我们可以看出什么？传统的市场营销策略，打造品牌基本靠"三度"：知名度、美誉度、忠诚度。而每日黑巧的传播策略"打法"却是：小众忠诚度初显→美誉度加持→知名度扩大。从产品作为切入，先进圈，再种草。先找一小部分圈层人群培养初步忠诚度，再通过头部KOL、明星的辐射形成品牌美誉度，最后扩大品牌知名度。每日黑巧的私域流量运营，从引流路径、内容呈现、到高效转化也是经过层层设计的，有很大的亮点可以供分析参考借鉴。

1. 引流

每日黑巧的私域引流方式主要是DM单、朋友圈、裂变转化、社群互推四种方式。

（1）DM单：每日黑巧在所有的快递包装中，都会放置一张卡片（后期调整为明信片+书签），用刮刮乐的形式吸引用户领取优惠，文案强调0元领取黑巧，邀请用户添加个人企业微信兑换，积累第一批私域用户。

(2) 朋友圈：每日黑巧官宣刘某某官宣代言人，开始在朋友圈广告发力，公众号加了 3 万多人，企业微信加了 8000 多人。

(3) 裂变转化：邀请好友得巧克力裂变的形式，比如每日黑巧和百草味"邀请 4 位好友，每人即可获得 25 元优惠券"的裂变活动，就是很好的一次尝试。

(4) 社群互推：比如和钟薛高、Ole 合作，去这些品牌的社群派发优惠券，或是互相在自己的社群推送包含对方产品、利益点的海报，把对方的流量吸纳到自己的流量池里来。

2. 流量承接

把人吸引进来了，怎么留存、转化才是私域运营的关键课题。

在微信公众号，每日黑巧设置了多种引流路径，无论是关注还是推文，最终都会以福利领券的形式，指引用户添加企业微信或者进入小程序商城，路径多却不复杂。

从企微社群来看，每日黑巧突出设计了两点：首先，强调宠粉福利。比如新品尝鲜，社群用户提前试吃，早于所有其他电商平台用户；还有进群福利、发图福利、周四秒杀等，以高频的活动调动用户黏性；据公开资料，每日黑巧社群的复购率在 38%。其次，专属客服服务。以卡通人物的形象，打造"黑巧君"和"黑巧酱"人设，解决售前和售后的所有问题。

3. 小程序

小程序的价格比其他渠道更加优惠。比如每日黑巧会上线一些优惠券、周边产品；做私域会员专属限定产品，用稀缺感和荣誉感，增强私域用户的黏性。

思考：每日黑巧与其他传统巧克力品牌的运作有什么不同？

6.3 新零售展望

6.3.1 零售业变革进入深水区，数字化零售生态逐步完善

当前，中国零售业发展环境呈现出新常态：一方面，传统实体零售既要面临线下同质化竞争，还要应对网络零售的消费分流；另一方面，互联网人口增长红利趋尽，网络零售额增速放缓。在消费结构持续优化升级的滚滚浪潮中，线上线下零售企业转型需求日益迫切。借助信息技术手段，实现线上线下融合发展，建立以消费者体验为中心的数字驱动型新零售业态是行业变革的主旋律。在行业巨头的示范带领下，越来越多的企业将加速拥抱数字化技术以求变革升级。这将推动中国零售业迈入变革深水区，促进数字化零售生态逐步完善。

【案例 6.5】

瑞幸咖啡的数字化运营

瑞幸 2022 年财报显示，其全年收入已破百亿元，整体营业利润首次扭亏为盈，门店数量达 8000 多家，超过星巴克成为中国门店数量第一的咖啡品牌，且 2023 年有望破万店。2022 年瑞幸全年财报显示，全年总净收入为 132.93 亿元，同比增长 66.9%，美国会计准则下其全年营业利润首次扭亏为盈达 11.56 亿元，营业利润率 8.7%。这是瑞幸咖啡年度收入首次破百亿，全年整体营业利润首次实现扭亏为盈。

在门店数量上，截至2022年年末，瑞幸门店达到8214家。据统计，尽管2022年疫情影响严重，瑞幸依然开了近60家店，其在中国的门店数量已超过星巴克（截至2022年年末，星巴克中国门店为6090家）。

在留存客户方面，瑞幸首先将品牌营销和用户运营整合成一个部门（品运合一），让营销根据用户运营的导向去投入，把营销获得的流量通过用户运营进行有效转化；同时在App、微信小程序和企业微信群中建立私域流量池，并根据用户特点进行个性化营销和定价，以提升用户复购率和活跃度。

2020年4月，瑞幸首先在50家门店取餐处放置醒目的二维码餐牌上写"扫码进入福利社群领4.8折优惠券"，引导用户进瑞幸门店企业微信群。5月，瑞幸在全国门店开展这个活动。7月，它的微信群已链接180万用户，这些用户每天贡献直接单量超过3.5万杯，月消费频次提升了30%，周复购人数提升了28%，月活跃用户增长率提升了10%。这些数据如果细化到单个门店，相当于每个门店一天平均增加8～10杯的销量。瑞幸不仅在门店引流，还利用其微信、B站、小红书等社交平台公众号引流。在将客户变成私域流量时，瑞幸还推出"邀请好友得20元"策略刺激客户裂变。于是，发展到2022年第二季度末，瑞幸的私域客户超过2800万人，而它的平均每月交易用户数则达2071.2万人。私域运营不仅能留存和激活用户，还能降低营销成本，从2018年到2021年，瑞幸的营销费用占总营收之比从88.81%下降到4.23%。

在留存客户的同时，瑞幸也在进行品牌年轻化的动作，将目标用户瞄准年轻人。年轻人不喜欢美式咖啡的苦味，于是，瑞幸的产品战略转向奶咖、果咖等咖啡饮品化，用其他原料去中和咖啡的苦味。"一款好的产品，首先要好喝，并且要符合消费者潜意识里的需求，比如厚乳（咖啡），就满足了消费者潜意识中对牛奶的需求。"瑞幸高级副总裁周伟明说，"我们在努力降低咖啡的尝试门槛，让瑞幸咖啡成为年轻用户的日常（饮品）。"周伟明2019年12月加入瑞幸，此前拥有20多年从业经历，工作涵盖食品行业线上线下的商品运营和营销、商业分析和成本管理、产品设计创新和供应链落地等领域。在周伟明加入前，瑞幸产品团队成员多来自金融、互联网、咨询和汽车等行业。"过去瑞幸的数字化系统虽已完成搭建，但产品团队使用这套系统的颗粒度很粗，等专业人士进来后，我们才知道怎么用数据来发挥最大价值。"一位瑞幸研发人员说。2020年6月，周伟明被提拔为高级副总裁，直接向瑞幸董事长兼CEO郭谨一汇报，负责产品线和供应链线。

周伟明上任不久，瑞幸就以每三四天一款的节奏推新产品，2020年、2021年和2022年上半年，瑞幸推出的现制新饮品分别是77款、113款和68款，而其研发费用在2020年和2021年分别为2.66亿元和2.52亿元。"到底什么样的奶咖是消费者喜欢的？市场没有定论，因此我们要不停地上新，去发现消费者喜欢的东西。"周伟明说。

不过，当某款产品真变成消费者喜欢的爆款时，瑞幸的供应链却又跟不上了。比如，2021年4月12日瑞幸推出生椰拿铁后，因为椰子供应不足，创造了"1秒售罄""全网催货"的现象，以至于前48天只卖出了42万杯，5月供应链改善后卖出了

1000万杯，然而，直到7月，仍然有人反映买不到这款产品。与此同时，市场上一下冒出了100多款椰子饮品，比如，鲜椰冰咖、生椰dirty、厚椰拿铁等。有的同行甚至直接与瑞幸的椰乳供应商合作推出每杯10元的"椰椰拿铁"，有个供应商还在电商平台上卖起了"生椰小拿铁"，每杯价格仅为瑞幸折后价的30%。"我们也没有预料到生椰拿铁会这么火爆。我们做研发不能保证某款产品一定大卖，只能保证它符合大部分人的喜好。"周伟明说，"研发部门最重要的工作不是做出爆款产品，而是要建立一个以数字化为基础的流程化的研发体系。"

在瑞幸的研发体系中，各种原料和口味都被以数字标识，比如1代表香、2代表奶。他们研发的产品方案，就是不同数字的组合。而他们选择不同数字的依据，就是这些数字在市场上的流行趋势，这些流行趋势是研发团队持续跟踪市场得来的数据。瑞幸的研发体系分为五个部分：产品分析、菜单管理、产品研发、测试和优化。产品分析部门负责从消费者大数据中分析出产品能成为爆款的底层逻辑；菜单管理部门则会根据产品分析部门的结论，再结合App上的菜单对相关产品的需求，提出产品研发需求；产品研发部门会针对这个需求通过赛马机制研发新产品，即由几个研发小组同时研发，提出一二十种产品方案，然后邀请内部员工通过多轮盲测选出最优方案；研发出的产品再转给测试部门做内测和外测，之后再由优化部门去优化产品制作流程，以使门店员工能方便、稳定地制作该产品。产品优化好后就进入产品库，等待时机上市。当然，在产品研发阶段，瑞幸的营销和运营（负责门店运营管理）团队也会参与，他们会共同为产品定价，营销团队会针对新产品目标客户群制订有针对性的营销方案；而运营团队则在门店做新产品制作的配套准备。凭借这样的多管齐下，瑞幸在过去两年推出了4个爆款产品，由此获得了实质性增长。

2021年，在生椰拿铁和丝绒拿铁两个爆款的支撑下，瑞幸对全线饮品进行了两次涨价，同时取消了4.8折以下的折扣券。由此，2021年瑞幸产品在自营店的平均售价由2020年的11.87元增至14.8元。2023年，瑞幸咖啡又以酱香拿铁再次登上社交热搜，再次成为跨界话题度销量爆款。2021年年初，瑞幸重新启动开店，并增加了一个开店评估指标：每天能销售200杯以上饮品的位置。2021年年底，瑞幸门店运营和开发的员工数量在总员工中的占比升至90%，它的开店成本也同比增长60%。鉴于瑞幸已将年轻人作为目标客户，再考虑到疫情的影响，瑞幸新开直营门店优先选址在年轻人聚集的生活、工作和学习区域，以满足客户"5分钟"咖啡便利。截至2022年第二季度，瑞幸自营门店48%开在写字楼里，12%开在高校里，还有一些在城市新兴区域。写字楼和高校门店大多在近似封闭的场景中，因此瑞幸的销售额在疫情期间也实现了增长。当然，这个增长也得益于瑞幸在多地部署了城市仓和应急仓及中转站，保证了疫情期间的供货能力。

在开自营店的同时，2021年1月，瑞幸重启"新零售合作伙伴计划"，以0加盟费招募低线城市加盟者。加盟者的前期投入为35万～37万元，包括装修投入、生产设备投入和5万元保证金（合同期满退费）；加盟店流水主要以返还毛利的形式发放，不过瑞幸要对2万元以上的月营业额进行阶梯式抽成。这个计划首次发布于2019年，彼时加盟商只能与"小鹿茶"品牌合作。当时钱治亚表示，为了保障产品品质和服务的标准化，瑞幸咖啡不接受加盟。此次瑞幸咖啡接受加盟后，瑞幸用管理直营门店的模式去管理加盟店，为加盟商提供店面设计、营销材料等，以确保一致的品牌形象，同时，还提供物流网络、原材料和设备，以及员工培训。

思考：瑞幸咖啡的新零售模式有什么独到之处？

6.3.2 多种零售业态长期并存，既相互竞争又形成互补

规模、成本、效率是零售业比拼的重要内容，商超、百货、卖场等传统零售业态很难兼具三种优势，在市场竞争激烈以及消费需求升级的背景下，部分传统业态逐渐呈现疲态。华阳信通分析师认为，新零售业态在大数据、云计算、人工智能等技术的持续赋能下，逐渐突破传统限制，呈现出巨大潜力。但消费需求的多样性，意味着新零售业态很难完全垄断，而传统零售业态也会借助技术进行变革升级。因此，新老零售业态将长期并存，并形成相互竞争、相互补充的市场格局。

【案例 6.6】

新零售在医疗的运用

医药零售市场需求越来越大，传统渠道已经无法满足消费者的需求。而"医药＋新零售"的结合则使行业通过推动线上线下一体化进程，让医药零售的各个渠道完成商业维度上的升级，打破行业固有的局限。

不同于一般意义上的零售，医药零售受制于自身的行业特殊性，普遍呈现出一种"低频刚需"的特点，难以通过营销手段来吸引巨大流量；再加上其受政策管控较严，又对供应链、物流、品控等高度依赖，因而始终难以"减重"成为纯粹的线上业态。但也正因为如此，当普通零售经历了从百货商店到连锁商店，再到超级市场的数次变革时，医药零售场景仍长期依存在医院或线下药房之中。而在各方势力的助力下，医药新零售已经成为医药行业未来的发展趋势，再加上药企巨头的扎堆布局，医药新零售生态圈将更加完善。

那么，医药新零售为何能够逐渐成为行业新宠？一方面是消费需求的变化推动了医药新零售的发展；另一方面则是政策放宽给医药新零售打开了发展的新大门。随着消费需求的变化，线下实体以产品为中心的模式势必会面临转型，单纯靠提升单价增加销售额的方式已经不适用于市场，以消费者为核心的线上电商也要满足消费者在产品运送效率、消费体验等方面的诉求。因此，两种渠道势必进行融合发展，医药新零售也由此显现。

另外，政策的放宽也在一定程度上给医药新零售带来新的发展契机。比如若干地区的卫计委发布的类似《关于推进"互联网＋医疗健康"发展实施意见（征求意见稿）》显示，提到打通内院外信息通道，实现医疗机构处方信息与药品零售信息互联互通、实时共享。例如，在国内领先的互联网医院平台——平安好医生，新注册用户日均增高达 4 倍。紧接着，在 3 月，中共中央、国务院发布《关于深化医疗保障制度的意见》，强调将符合条件的医药机构纳入医保协议管理范围，支持"互联网＋医疗"等新服务模式发展，进一步加速了医药零售市场的发展。在此趋势下，根据德勤对医药领域的预计，到 2028 年，中国线上零售渗透率将上升至约 30.8%，总销售额约

1770亿元人民币。

对于医药新零售的发展,业内人士也给出了自己的看法。有专业人士就表示,医药新零售的核心在于专业属性。药店不再是单纯卖药,后续延伸的服务链条会比较长。当代药品零售对快消品零售多有借鉴,但发展到今天,药品零售业必须和快消品业态模式有一个深度切割。也有人士表示,医药新零售的核心是用户,要为用户提供最大的价值和便利性,让用户在希望的时间、地点,以希望的方式享受到希望的服务。因此,医药零售要出新,主要是融合,包括线上与线下的融合、B端和C端的融合、医和药的融合。还有人认为,药品零售模式要根据消费者的需求进行多角度、多层次的升级。医药新零售没有固定的模式,只要是以不同的销售模式来给消费者创新的、优化的消费体验,就可以算作新零售,并非只有使用尖端科技才是新零售。

目前,我国在医药新零售方面仍然处于起步阶段,它的出现不仅仅只是弥补了医药行业的不足,更加速了整个"互联网+医药健康"大时代的到来。在政策不断推进、技术不断发展、消费需求不断增长的条件下,医药新零售将迎来蓬勃发展的黄金时期,也将超越线上线下,破除传统行业局限和地域等限制,而"互联网+大健康"时代下的医药行业也将更好地满足于大众在健康上的需求。医疗新零售三大趋势将对行业产生深远影响,针对保险、药企、药店,影响可能不同。

对保险公司而言,商保对医疗费用的支付集中于重疾,除此以外的支付需求尚未获得满足。通过自费,轻疾已在传统医院体系外日益形成线上线下相结合的医疗服务与医疗消费的完整体系。商保需要思考如何与新型渠道相结合,一方面多元化保障设计(例如报销互联网诊疗)以增加产品吸引力;另一方面通过与平台方的合作控制成本(例如制定慢病药品目录)。对制药企业而言,带量采购促使很多药企开始考虑开拓医药零售,但只加强零售渠道,不论是覆盖线上还是覆盖线下,都只是非常基础的一部分。更高阶的定位则要求抓住医疗新消费中的多元化需求,通过分析大量数据,提供多元化的医疗需求解决方案,真正提升病人的用药体验。对线下药店而言,目前线上线下诊疗、购药行为越发整合,线下药店应思考如何积极与线上渠道进行合作,适应消费者的多元化需求,同时可重点打造差异化优势(如慢病、重疾等特色领域),与线上渠道形成互补。带量采购等新政策环境是行业内领先企业开始思考医药新零售的原动力和起点,不断涌现的医疗消费新模式和医疗服务新渠道,也在不断塑造更多元化的医疗需求。站在医药新零售的新起点,医疗行业不同参与方的领先企业都要不断向前探索,通过协同融合与共赢合作,切实提高消费者和患者的医疗体验,提升医疗服务的整体价值,如此,才能真正推动医疗行业在新零售时代的发展。

思考:最近几年你对医药领域的新零售体验有哪些?结合案例谈谈自己的体会。

6.3.3 主力消费人群习惯变迁,驱动产业细分垂直化发展

在居民人均支出水平持续攀升的趋势下,结合马斯洛需求层次理论,人们的消费需求将呈现出个性化、多样化特征。此外,不同年龄、不同地域的群体,消费需求也呈现出差异。消费需求的层级性、多样性、差异性以及消费者对良好消费体验的一致追求将促使新零售企业采取差异化竞争策略,趋向更细分、垂直的领域发展,如针对细分人群、细分品类、细分市场进行深耕。

随着生育率及结婚率下降,中国正在经历人口及家庭结构变化,老龄化趋势和家庭小型化趋势越发明显,1~2人的微型家庭数量迅速增加。家庭小型化趋势使得消费者在生活必需品购物方式上从低频大量购入转变成少量多次,小型和社区型便利店业态提供消费者"最后一公里"的消费便利,因此大型商超业态逐渐被小型和社区型便利店业态挤压。

【案例6.7】

叮 咚 买 菜

"叮咚买菜"是一家专注于生鲜蔬菜销售的电商平台,成立于2017年,总部位于上海,是中国生鲜蔬菜领域的领先企业之一。

随着消费趋势的不断发展,生鲜电商领域竞争日益激烈。在这个领域,"叮咚买菜"通过建立自己的竞争优势,赢得市场份额。平台采用线上直接采购、线下配送的模式,实现了货源食品直接从农场、渔船到达消费者餐桌,大大缩短了产品的供应链,不仅保证了货物的新鲜度,还能够控制成本,提高了企业的盈利能力。

"叮咚买菜"的特点还在于它将线上与线下相结合的发展策略。它与许多社区合作,建立了线下社群,以便能够更好地了解每个社区的需求,同时也能够为消费者提供更方便的生鲜配送服务。此外,"叮咚买菜"还建立了自己的配送中心,不断推出更快、更好、更准确的配送服务,进一步提升了用户的购物体验。

截至目前,叮咚买菜业务覆盖上海、北京、深圳、广州等25个主要城市,前置仓数量近1000个,城市分选中心占地面积约40万 m^2。拥有12家自有工厂,拥有超过20个自有品牌,涵盖预制菜、肉类、米面、豆制品等品类。

随着新零售概念的普及,"叮咚买菜"作为新兴的食品电商平台,迅速发展成为中国市场上最具规模的线上农产品销售平台之一。叮咚买菜打破了传统的农产品销售模式,提高了农产品的销售效率和市场化程度,推动了农业供给侧改革。"叮咚买菜"鼓励消费者购买当地的农产品,推广了农产品本地化消费,促进农村经济和传统农业发展。从供应链、仓储、物流、营销等方面进行了创新和优化,为互联网时代的农业和食品产业注入新的活力和发展动力。新零售对叮咚买菜产生了深远的影响。来自互联网、大数据、智能化技术的数字化变革,正在加速改变消费者的购物习惯和零售业的格局,"叮咚买菜"借助新零售趋势的影响,不断优化自身业务,抢占市场,实现业务快速增长。新零售对"叮咚买菜"造成的主要影响有以下几方面。

(1) 优化了供应链。新零售的数字化技术优化了叮咚买菜的供应链,提高了农产品采购和配送的效率,降低了产品的成本,同时提升了产品的品质。

(2) 改善了顾客体验。同时,新零售联手大数据和智能化技术,对用户进行精准化营销,满足消费者需求,提高了顾客购买体验和满意度,打破传统零售阻碍供需搭配的局面。

(3) 提升了企业竞争力。新零售下,企业转型创新、信息技术和互联网技术的引入,大大降低了企业运营成本和风险,使"叮咚买菜"在新市场中保持竞争优势,并在竞争中更加稳健和发展。

思考: 新零售有诸多买菜模式竞争激烈,"叮咚买菜"是怎么活下来的?

6.3.4 资本与巨头逐渐回归理性，跑马圈地转向精耕细作

新零售概念诞生初期，引起社会广泛关注，各路势力疯狂涌入，烧钱跑马圈地的现象屡见不鲜。当前资本与巨头布局基本结束，利用概念吸引的流量红利逐渐被透支完毕。各方关注的焦点转至新模式、新物种、新业态对零售效率的提高以及用户体验的提升，产业步入精耕细作阶段。能够有效改善消费者痛点，并且具备精细化运营管理能力的玩家更易脱颖而出。

以服装企业为例，一些服饰企业在研发、生产、终端销售等业务板块之间相对封闭，存在着"信息孤岛"的问题，在产品调度和配送上效率较低，导致存货周转率低下。同时，不少服饰企业的终端导购管理系统陈旧，缺乏对门店数据的收集和分析能力，出现门店商品陈列效果欠佳、导购转化率低、门店销量下滑等问题。

课外案例6.2
瑞幸咖啡
新零售模式
分析

为赢得年轻消费者的青睐，扩大消费人群，李宁对其门店进行了数字化改造，打造"数字门店"，并将品牌定位和外在形象打造得更加年轻化。在门店内，通过云价签，实现线下货架和柜台在价格、促销、广告等信息方面的同步。在消费者对商品进行观察和试穿的同时，收集其行为数据，通过基于大数据与算法能力的货架陈列服务和模型分析，辅助李宁在门店进行精细化的陈列分析以及优化陈列方案，并分析商品品类浏览情况，进行门店经营效率方面的评估和业务决策。目前，其全渠道及数字化店铺超过1300家。智能化的数字触点布局帮助李宁与客户建立了稳定的感知关系，从而实现了品牌设计、营销策略等方面的在线升级。

【本章小结】

新零售在数字化时代引领着零售业的变革。以顾客为中心的理念、数据技术与人工智能的结合，以及线上线下融合的模式，都为零售业带来了巨大的机遇和挑战。随着技术的不断进步和消费者需求的变化，新零售将继续演进，并对传统零售业产生深远影响。各种玩法创新迭代，会改变消费者认知。

【课外阅读】

宋政隆. 商业模式变现［M］. 北京：中国商业出版社，2024.

第6章
课后习题

第 7 章

互联网金融

【开篇案例】

消金的金矿

2023年重庆农商行披露三季度报告,其中联营企业财务信息显示,该行第三季度"享有联营企业利润份额"1050万元,前三季度则亏损660万元。重庆农商行此处的联营企业指的是小米消费金融,重庆农商行持有后者30%股份,按此计算,小米消费金融2023年三季度实现净利润约3500万元;2023年前三个季度,小米消费金融净亏损约2200万元。

根据此前披露信息,小米消费金融2023年上半年净亏损5700万元,2021年和2022年,小米消费金融净利润分别为368万元和1084万元。

小米消费金融是小米集团金融布局中的重要一环,也是小米小贷向互联网贷款合规化转移的唯一载体。公开信息显示,重庆小米消费金融成立于2020年5月,主要从事个人消费贷业务。小米消费金融注册资本15亿元,股东包括小米通讯(持股50%)、重庆农商行(持股30%)、重庆金山控股(10%)、重庆大顺电器(9.8%)、重庆金冠捷莱(0.2%),穿透后,小米消费金融的实际控制人为小米集团创始人雷军。

截至2022年年末,小米消费金融总资产112.86亿元,净资产15.16亿元;截至2023年6月末,小米消费金融总资产161.89亿元,净资产14.59亿元。从资产规模看,小米消费金融仍处于贷款放量爬坡过程,盈利状况不稳定。也有用户怀疑其个人信息被转卖。

值得注意的是,小米消费金融很大一部分业务是承接了小米小贷的资产。据镭射财经报道,小米消费金融2022年初开始接入天星数科旗下现金贷产品"随星借"。小米消费金融官网对小米"随星借"的介绍显示,其累计服务7000万用户,累计放款额4000亿元,持续运营时间7年。

"随星借"App首页显示,产品隶属小米消费金融,具体贷款产品包括小米消费金融提供服务的"随星借",以及由第三方持牌机构提供服务的"车抵贷"和"房抵贷"。"随星借"的利率为7.2%~24%,合作银行包括重庆农商行,交通银行、招商银行、顺德农商行、百信银行、新网银行以及部分持牌消费金融等。"随星借"页面显示,该产品一次授信,可获得现金与分期两个额度。在"随星借"提交资料申请后,小米消费金融推荐的贷款机构为小米消费金融和北银消费金融,日利率为

0.065%，折合年化利率23.4%。也有用户反映，如果无法通过审核，小米消费金融会另外推荐第三方平台，如京东金条。显然，小米消费金融在这个过程中"一鱼两吃"，资质稍好的采用联合贷模式，由小米消费金融及合作持牌机构放款；资质较差的用户则推荐给其他机构，赚取导流费用。

背靠小米手机的庞大而年轻的用户群，雷军很难抵制住互联网贷款的诱惑。2017年，小米小贷ABS发行文件披露数据显示，小米小贷的用户年龄集中在19～30岁之间，占比超过55%；35岁以下的用户比例更是接近80%；贷款金额大部分都在5000～3万元之间。

在小米流量支撑下，小米贷款2015年启动后增长迅速。2015—2017年，小米小贷的应收贷款由1亿元，增长至81亿元。2019年6月5日，小米金融董事长助理胡伟表示小米互联网贷款累计放款超1500亿，在贷余额超300亿元。由此看，小米金融在放弃小贷公司、全面向小米消费金融转移时，存量贷款余额至少在四五百亿规模。

到目前为止，小米消费金融尚未回到这一高点。

小米消费金融在业务整改过程中，仍然存在诸多不合规现象。例如，2022年9月8日，中国银保监会重庆监管局对小米消费金融作出行政处罚。处罚书显示，小米消费金融因贷后管理不到位，消费贷款资金被挪用，被罚款50万元。

而在新浪黑猫投诉上，有关小米"随星借"的投诉多达9091起，投诉已完成的有7042起，占比约80%。

由此看来，拿到消费金融牌照并不是小米金融业务合规的标志，相反，这不过是小米金融业务全面合规化运营的起点。

【思考】你了解过哪些互联网金融贷款的形式？

【学习要求】

了解互联网金融的定义、特点和发展历程阶段；对国内外互联网金融的早期产品和发展现状有大概印象。了解互联网金融的风险和应对策略并对未来做出展望。

7.1 互联网金融的定义

党的二十大提到，加强和完善现代金融监管，强化金融稳定保障体系，依法将各类金融活动全部纳入监管，守住不发生系统性风险底线。互联网环境下，金融产品、风险等出现新的形式。

互联网金融是指借助互联网技术、移动通信技术实现资金融通、支付和信息中介等业务的新兴金融模式，既不同于商业银行间接融资，也不同于资本市场直接融资的融资模式。根据2015年7月中国人民银行、工业和信息化部等十个部委共同印发的《关于促进互联网金融健康发展的指导意见》，互联网金融是传统金融机构与互联网企业利用互联网与信息通信技术实现资金融通、支付、投资和信息中介服务的新型金融业务模式。

互联网金融行业是一种融合了金融服务和数字技术的行业，它利用互联网和相关技术（如大数据、云计算、人工智能等）来提供、优化和扩展传统金融服务。这个行业的主要服务包括在线支付、虚拟货币、在线保险、网络证券交易和智能投顾（robo-advisor）等。

互联网金融一般可以分为三类。第一类，传统业务在线化，例如网上银行、银行、第三方支付、移动支付；第二类，互联网新金融，包括互联网信托、互联网信贷、众筹融资、供给链金融、社交化选股投资平台等；第三类，互联网金融生态圈：电子商务平台和广告销售平台已经形成信任性强、互动频繁、黏性度高的生态圈，基于此形成的互联网金融圈比传统的金融业务产业链条更为严密和结实。

7.2 互联网金融的特点

互联网技术中对数据产生、数据挖掘、数据安全的重视，社交网络、电子商务、搜索引擎等的发展使得金融交易的成分和风险大大降低，从而扩大了金融服务的边界。这也使得互联网金融慢慢与传统金融分离。除了媒介发生变化之外，互联网金融的设计特质和互联网思维中"开放、平等、协作、分享"比较温和，通过互联网和移动互联网，传统金融增加了透明度、参与度、协作性，降低了成本。互联网金融高效、便捷、透明、包容性强。它不仅提供了更加便捷的金融服务，降低了交易成本，还通过数据分析和风险管理技术，提高了金融服务的效率和安全性。此外，互联网金融还能够覆盖到传统金融服务无法覆盖的地区和人群，从而提高金融服务的普惠性。人们已开始尝试用其解决传统金融行业中市场信息不对称的问题，资金需求双方可在资金期限匹配、分享分担等领域开展有效合作。

互联网金融比较显著的特点如下。

（1）去中介化：资金供需双方直接交易，不需要通过银行或券商等中介，优化资源配置。

（2）平台开放，信息对称性强：网络信息更新更加及时，消费者和金融效劳提供商之间地位更加对等。

（3）大数据作用突出：充分利用互联网技术和数据信息积累和挖掘优势，互联网金融生态圈客户群规模大，甄选客户对象本钱低。

（4）交易本钱低、速度快：极大地优化了小额贷款、小额融资的环境。

（5）交互式营销：通过互联网平台，消费者和金融效劳提供商共同参与到商业活动中，买卖双方都是老板。

（6）服务体验化：产品站在用户角度考虑，增加产品价值。

7.3 互联网金融发展历史

互联网金融行业的全球历史发展可以划分为三个主要阶段：萌芽期、成长期和成熟期。

1. 萌芽期（20世纪90年代末至21世纪第一个10年初）

在这个阶段，互联网开始逐渐渗透到人们的日常生活中，一些创新的公司开始尝试利用互联网提供金融服务。例如，PayPal 等公司开始提供在线支付服务，E * Trade 等公司提供在线证券交易服务。这些初步的尝试为互联网金融的发展奠定了基础。

2. 成长期（2008—2014年）

这个阶段是互联网金融的快速发展期。随着智能手机和移动互联网的普及，互联网金融开始从一些边缘领域（如在线支付和电子交易）扩展到更广泛的金融服务领域，包括贷款、保险、资产管理等。在这个阶段，出现了大量的互联网金融创业公司，如 Lending Club、Square 和蚂蚁金服等。这些公司利用互联网技术和大数据分析，提供了更便捷、更低成本的金融服务，满足了消费者的新需求。

3. 成熟期（2015年至今）

这个阶段是互联网金融的成熟和深化发展期。随着云计算、人工智能和区块链等新技术的发展，互联网金融开始进入更深层次的金融服务领域，如智能投顾、区块链支付和保险科技等。同时，全球对互联网金融的投资也大幅增长，吸引了大量的创业公司和传统金融机构进入这个行业。

在地域分布上，互联网金融在全球范围内都有发展，但各地的发展情况和重点领域有所不同。例如，美国和欧洲的互联网金融主要集中在支付、贷款和投资领域，而亚洲（特别是中国）的互联网金融则更加注重移动支付和 P2P（个人对个人）贷款。此外，非洲和拉美等地也在移动支付和微贷领域取得了一些进展。

【案例 7.1】

Paypal——互联网金融的"鼻祖"

1998年，在美国的斯坦福大学，一位叫马克斯·列夫琴（Max Rafael Levchi）的程序员，被一场名为"市场全球化和政治自由之间的联系"的演讲所动。演讲结束后，列夫琴主动找到演讲者彼得·蒂尔（Peter Thiel）交流互动。

蒂尔与列夫琴研讨了当前支付领域的种种痛点，尝试用一种新的技术（数字钱包）来代替现金，实现个人对个人的支付。不久一家名为 Confinity 的支付公司，就这样在两位年轻人此次简短交流和几次午餐的思想碰撞后诞生。产品的初衷是提供一个方便客户和商家进行网上金钱交易的工具。

为了迅速占领市场，扩大用户群体，Confinity 公司决定花 100 万美元来获客。其设计了一套方案，让已有的用户通过邮件方式邀请好友注册，只要收到邮件的好友注册了账号，那么邀请者和被邀请者都可以获得 10 美元的奖励。

不过，这种邮件引荐机制的传播速度不够快，其他竞争对手也在通过相同方式获客，甚至新客奖励更多。于是，Confinity 公司便继续花钱，从第三方机构购买了目标客户群体的邮箱，然后给目标群体发邮件，继续通过引荐机制来邀请目标群体注册。然而，效果依然不尽如人意。

在 Confinity 公司寻找新的获客途径时，一封商家用户的邮件给其带来了新灵感。在这封商家邮件里，商家向 Confinity 公司申请了使用 PayPal 的标识，当其点开链接后才发现，原来商家在自己 eBay 商品页面中嵌入了自己 PayPal 的邀请链接。很显然，这名商家想通过这种方式促使自己的买家用户注册 PayPal 进行付款，这样子他不但能够方便地收款，还可以赚多 10 美元的引荐费。

之后，Confinity 公司通过 eBay 的商品搜索功能，发现在 eBay 的 400 万个商品页里，有几千个商品页里带有 PayPal 的邀请链接，并且有些商家还在页面详细介绍如何注册和使用 PayPal。

Confinity 公司立刻就判断出 eBay 是其想要的获客途径。在美国的信用卡体系健全后，eBay 上的交易主要是使用信用卡支付，但由于很多商家是个人，很难去开通信用卡商业账号，大部分商家和买家还是只能使用邮寄支票进行交易，导致交易周期很长。

于是，Confinity 公司开始专门针对 eBay 商家进行邮件营销，为了方便 eBay 商家在商品页面上添加 PayPal 链接，其还在 PayPal 官网上放置了一个功能，让 eBay 商家可以一键将 PayPal 链接添加到自己的商品列表详情中。

Confinity 公司很快就让 PayPal 成为 eBay 商家的重要收钱工具，eBay 上具有 PayPal 标识的商品比例从 1% 一跃上升到了 6%，PayPal 的注册用户也很快超过了 100 万。

Confinity 公司的竞争对手 X.com 很快也采用了同样的 eBay 推广方案，紧跟 PayPal 的步伐，也在不停做补贴。不过，两家公司很快就发现这样竞争对彼此损耗都太大了，为了减少竞争压力，最终两家公司选择了合并重组，各占一半股份。

2000 年，埃隆·马斯克为解决在网上快捷转账业务上的竞争，将 X.com 公司与蒂尔和列夫琴创办的 Confinity 公司合并，这家新公司于次年 2 月更名为 PayPal。

2002 年 10 月，Paypal 以 15 亿美金委身全球最大拍卖网站 eBay，当时的 PayPal，定位还仅仅是 eBay 的主要支付工具。转眼 10 年过去，数字支付领域开始以年均增长率超过 30% 的速度飞速增长，2023 年，数字钱包占全球电子商务消费额的 50%（超过 3.1 万亿美元），而 PayPal 则盯上了其中最大的风口——移动支付。

PayPal 当然不会只满足于寄人篱下，2014 年 8 月，PayPal 以 8 亿美元现金收购移动支付公司——Braintree 及其旗下的 Venmo。2015 年 3 月 3 日，PayPal 又以 2.9 亿美元收购电子钱包公司 Paydiant，正式进军移动支付领域。

2015 年 7 月 20 日，PayPal 从 eBay 分拆登陆纳斯达克，不久后公司发布了脱离 eBay 以来的首份季度财报，财报显示，PayPal 第二季度营收为 23 亿美元，比 2014 年同期的 19.8 亿美元增长了 16%。

随后，准确抓住移动支付风口的 PayPal 就在这短短的两年内，从一个 eBay 的支付工具，一跃成为美国移动支付龙头，活跃账户数保持着每季度 10% 的增幅，支付业务总额每个季度增幅也都能超过 20%。

思考：

（1）你认为 PayPal 和 eBay 是谁成就了谁？

（2）支付工具对于电商平台发展的意义如何？

7.4 中国互联网金融发展

中国互联网金融行业起源于1997年，历经近30年的演变。1997—2004年是我国互联网金融行业的萌芽期。这个阶段的特征是互联网为金融机构提供技术支持。1997年，招商银行率先创建了中国第一家网上银行，为其品牌推广和客户服务提供了一种新的方式。此后，网络证券交易在中国得以开展，拓宽了投资者的交易途径。2000年，中国人保和其他保险公司纷纷开设全国性网站，推动电子商务平台的建设。2003年，阿里巴巴集团创建了"支付宝"，这是中国第一家第三方支付平台，它的独立运营标志着互联网金融业态的萌芽。

【案例7.2】
支付宝的前世今生

2003年4月7日，马云从当时阿里巴巴B2B业务中挑选了十几位员工，这十几位幸运儿被要求当即签署一份英文保密协议，淘宝网由此创立。淘宝网上线后，买卖双方初期主流交易方式还是O2O，买卖双方在淘宝网上对某件物品的交易达成意向，再从线上到线下约定的一个时间和地点进行正式交易支付，买卖双方还是习惯了千百年来的面对面交易、一手交钱一手交物的模式。如果是一个同城买卖双方，可能还相对容易达成交易，如果买卖双方在两个省份甚至两个国家，路费大概率大于商品价值，在此背景下，淘宝网的交易规模就无法提升，愿意来淘宝网交易的买卖双方数量未来也不可期。因此，对于淘宝而言，如何解决线上交易买卖双方不够相互信任的问题，迫在眉睫。

如何解决两方信任问题？早期，淘宝想过模仿腾讯Q币的方式，即消费者在淘宝网上充值淘宝币，比如1000元纸币可充值1000元淘宝币，再用1000元淘宝币可消费购物，卖家收到这1000元淘宝币后，可兑换为1000元纸币现金或提款到银行卡。消费者充值的过程就是从其银行卡转账至淘宝的对公账户，卖家兑换提现的过程就是淘宝对公账户转账至其银行卡，但此模式后来发现也不行。

为了解决买卖双方因线上信任不足而无法达成交易的问题，淘宝团队苦思冥想，终于发明推出了一种类似"担保交易"的新型支付模式。消费者买家下单后，需要先支付，此时买家支付的钱转到了淘宝网在银行的对公账户，这个对公账户性质属于银行托管的第三方（买卖双方外的第三方）账户（后演变为备付金账户），淘宝收到买家完成付款的信息后，就通知卖家发货，买家收到货并确认货品没问题后，淘宝再将对公账户里面的钱支付给卖家。此种模式下，淘宝承担的角色有双重：一是提供了一个平台，供买卖双方有地方进行交易；二是需要为买卖双方之间的交易提供资金支付结算服务，确切来说是给卖家线上的每一"单"交易提供了向买家收钱的服务，也就是线上收单业务——对支付宝的核心理解。

此种模式相比淘宝币模式而言，一是法律合规问题较小，但法律合规问题还是存在，因为卖家应该收到的钱，先支付到淘宝的对公账户里面，如果交易规模足够大，很多消费者支付了成百上千亿的资金到淘宝的对公账户中，此时商家们也发货了，淘宝如果倒闭了，商家的款项能收到吗？可能会，因为这个对公账户受银行托管和监管，有一定的保障，但也可能不会，因为如果淘宝虚造一批商家账户，给银行下指令打款到虚造的商家账户，真正的商家就收不到钱（此时的这种模式本质上也属于"二清"，淘宝是个大商户，待后续介绍）；淘宝此种模式本质上属于给买卖双方提供资金的结算服务了，此时还没有现在的支付牌照概念，淘宝此类线上收单业务存在法律风险，马老师给做支付宝业务团队吃的指示和定心丸是"立刻，现在，马上启动支付宝""如果要坐牢，我去"。二是买卖双方减少了操作步骤，不用操作淘宝币充值和提现，对于互联网企业而言，追求"用户至上"的理念，能少一步操作、少一个按键的效率提升都值得为用户考虑和提供。

支付宝的第一笔交易诞生在2003年10月，日本横滨留学生卖家崔卫平将一个二手富士数码相机以750元（国内市场价2000元）的价格挂在淘宝网上，西安工业大学买家焦振中看中后选择了支付宝这一工具进行交易，即先把钱打款到淘宝的对公账户，等焦振中收到货确认后，支付宝再将淘宝对公账户的钱支付给崔卫平，这笔交易最终完成，且是跨境支付。

支付宝可理解为淘宝网买卖双方交易资金支付结算的一个工具或模式。虽然此时（2004年）淘宝网初创有点名气，但在淘宝上的买卖交易却不多，使用支付宝"担保交易"模式的交易更少，因此，背后的工作人员最初使用Excel进行记账还能满足业务需求。且在2004年开始淘宝网还没有强制约定必须采取"担保交易"，买卖双方还有其他交易支付模式可供选择。但现实中总有第一个吃螃蟹的人，随着用支付宝担保交易模式的买家越来越多，口碑宣传也越来越好，且相同商品卖家在竞争中，由于其他卖家都选择了支付宝担保交易模式，某一卖家还想先收钱到账后再发货，会丧失竞争优势，也"被迫"或被"卷入"加入支付宝担保交易模式。越来越多的买卖双方使用支付宝担保交易。淘宝也因此模式吸引了大量的买卖双方上淘宝交易，而新的买卖双方也会采取支付宝担保交易模式来交易支付，此时便形成了一个正向循环。

在交易过程中，存在两种情况：①买家交易支付后，发的货品质量有问题或在运输过程中损坏，买家不接收、退货，卖家又坚持声称没问题；②买家交易支付后，卖家发货，且买家收到货后发现质量明明没问题，但此时的买家却说卖家发的货是空盒子，没有货品。遇到这两种及其他情况，淘宝和支付宝的难题就出现了，到底要不要赔偿，赔偿给卖家还是买家，需要去思考并给出解决方案。2005年2月2日，支付宝承诺，用户使用支付宝过程中因受诈骗而受到的损失由支付宝全额赔偿，也就是2005年7月6日支付宝正式对外公布的"你敢付，我敢赔"支付联盟计划。随着淘宝上越来越多的买卖双方接受支付宝担保交易模式，淘宝网最终决定买卖双方交易支付只能使用支付宝担保交易。

小结：淘宝采用的"担保交易"支付模式，可简单理解为给线上买卖双方交易"支付"提供了"保"障，即"支付保"，估计这也是"支付宝"叫"支付宝"的原因之一；支付宝的主要功能可理解为给商家提供线上收单业务服务，只不过商家向买家收来的钱，先放在支付宝在银行开立的对公账户，在买家收到货品且无误后，再隔一段时间统一结算给商家，这样对于支付宝而言，大量消费者支付的资金形成了大量沉淀，放在任何一家银行都可以获取一笔不菲的利息收益。

思考：

（1）本章提到到 Paypal 和支付宝的诞生，和"商业模式概述"这一章的内容有呼应吗？

（2）你认为它们的成功来自什么？

【案例 7.3】

2013 年中国互联网金融大事记

2013 年 2 月 19 日，苏宁电器更名"苏宁云商"。

苏宁电器晚间公告，随着企业经营形态的变化，公司名称也需要与企业未来的经营范围和商业模式相适应。

2013 年 2 月 28 日，"三马"卖保险获批。

保监会网站发布批文，批准中国平安、阿里巴巴、腾讯等 9 家公司发起筹建众安在线财产保险股份有限公司，进行专业网络财产保险公司试点。注册资本为 10 亿元，注册地点位于上海。

2013 年 3 月，阿里巴巴宣布将成立小微金融集团。

阿里巴巴集团宣布，将筹备成立阿里小微金融服务集团，负责集团旗下所有面向小微企业以及消费者个人的金融创新业务。

2013 年 6 月下旬，农行成立互联网金融实验室。

中国农业银行成立"互联网金融技术创新实验室"。在互联网金融的强烈冲击之下，传统银行业界的"大腕们"，开始审视、反思，并大幅度调整。

2013 年 7 月 1 日，余额宝上线。

余额宝功能在支付宝钱包（即支付宝手机客户端）上线，这就意味着，用户可以每天在手机上操作余额宝账户，随时买入、卖出、查看收益。

2013 年 7 月 6 日，新浪获得第三方支付牌照。

新浪终于获得第三方支付牌照，并立刻开始在新浪微博平台上"跑马圈地"。

2013 年 7 月 29 日，京东宣布进军互联网金融。

京东商城 CEO 刘强东在京东平台合作伙伴大会上宣布，京东已经成立金融集团，正式进军互联网金融。

2013 年 7 月 30 日，巨人网络被曝将推出"全额宝"。

7 月 30 日，有媒体证实巨人网络将推出与"余额宝"名称相似的"全额宝"业务。

2013 年 8 月 1 日，媒体报道 7 大佬将投资民生电商。

董文标、刘永好、郭广昌、史玉柱、卢志强、张宏伟等七位大佬，联合投资 30 亿元人民币资本金，在深圳前海成立民生电子商务有限责任公司。

2013 年 10 月 10 日，支付宝将收购天弘基金 51% 股权。

媒体报道称，支付宝母公司将斥资 11.8 亿元认购天弘基金 26230 万元的注册资本，完成后占其股本的 51%，成为控股股东。

思考： 2013 年至今，以上提到的企业现在情况如何？

2016年至今，中国互联网金融进入调整期。在快速成长后，政府开始加强对网络信贷平台、互联网消费金融、互联网保险等互联网金融细分业态的监管。一系列监管政策相继出台，对网络借贷、互联网保险、第三方支付、互联网证券等领域进行大范围排查，严格治理不规范的互联网金融平台，以维护行业的长期稳定。在此环境下，互联网金融企业开始深化技术研发，强化风险管理能力，提升运营效率，以适应监管环境的变化。随着普惠金融政策和消费升级政策的持续实施，大量的信贷融资需求逐步被激发出来，这将为互联网金融行业市场规模的进一步扩大提供动力。

2021年起，中国互联网金融行业的生态环境发生了重大转变，"无序增长"的时代已经落幕。包括P2P业务在内的一系列互联网金融业务，如网络小额贷款、互联网存款和贷款等，都已经步入监管的轨道。在这期间，中国人民银行、银保监会、证监会以及国家外汇管理局等监管机构，对包括蚂蚁金服在内的多家互联网金融平台进行了专项审查与整顿。此外，监管部门不仅发布了针对整个互联网金融平台的指导性和规范性文件，加强了对其全业务的指导和规范，同时也细化了对互联网金融生态链上下游相关产业的监管。例如，对于金融大V、直播相关业务、数据管理等细分领域，监管机构同样出台了相关的治理规则。

7.5 互联网金融风险

科技进步促进了金融与互联网的快速融合，在促进金融创新、提高资源配置效率的同时，也存在诸多隐患，使诈骗、非法集资、洗钱等违法犯罪得到了可乘之机。2019年，检察机关对金融类犯罪的起诉人数比2012年增长了40.5%，其中大量为互联网金融犯罪。非接触地服务使得客户主体虚拟化行为更加隐蔽。互联网交易基于虚拟物理环境，采用认证不人的加密技术，在一定程度上保护了客户隐私，同时也使交易主体虚拟化，犯罪行为变得更加隐蔽。客户在网站上所填写的姓名、身份证号码、联系方式、联系地址、职业、住所等信息往往得不到有效的核实。犯罪分子可以轻易达成隐匿犯罪资金所有权或有关的权利的目的。

随着我国互联网金融的迅猛发展，信用风险、市场风险、操作风险和法律风险等日益突出，严重的更是演变为金融犯罪。实践中，涉互联网金融作为犯罪主体的犯罪多为非法集资类犯罪。以互联网金融作为犯罪对象的犯罪，则主要涉及对互联网金融企业或者平台实施盗窃、诈骗等犯罪。以互联网金融作为犯罪工具的犯罪，较为典型的是洗钱犯罪，另外，还涉及非法经营犯罪、擅自发行股票犯罪、信用卡犯罪、侵害公民个人信息犯罪等。犯罪手段也呈现出多样性、复杂性、隐蔽性、智能性、涉众性等特点，由此引发不稳定风险显著增多，给社会带来了极为不利的影响。

互联网金融犯罪日趋增多。从金融服务业态看，互联网金融历经了从第三方支付到P2P网贷、从众筹模式到微信红包，甚至出现了所谓的"第四方支付"。在创新的浪潮中，以合法形式掩盖实施犯罪目的的行为也逐渐增多。如犯罪分子设置免费Wi-Fi或伪Wi-Fi来引诱被害人上钩，获取密码后盗取钱财。有些犯罪分子将病毒与正规软件绑定，移动用户下载安装软件后激活木马，从而盗取被害者的隐私信息，进而实施犯罪活动。网贷之家对2017年初至2018年3月一审宣判的150多例刑事案件统计发现，44家P2P网贷问题平台中，法院判决非法吸收公众存款罪的占82.95%，判决集资诈骗罪的占15.91%，另外有1.14%的平台被判擅自发行股票罪。

【案例7.4】

P2P 网 贷

2018年4月，善林（上海）金融信息服务有限公司法定代表人周某某因涉嫌违法犯罪，向公安部门投案自首。曾经，在e租宝和钱宝倒下之后，周某某仍然志得意满地徜徉"互联网金融"之间。今天，真相揭开，周某某的所谓"金融创新"，或不过是一场庞氏骗局而已。善林金融成立于2013年，以线下理财起家，截至被查封前，已经拥有众多线上、线下关联平台和关联企业，是一个庞大的集团。其声称能提供投资者6%以上无风险的收益率。更多的骗局至少以10%收益率为起步价！其实其是"借新债还旧债"，利用下一个人的资金补足上一个人的收益，击鼓传花，甚至利用亲杀亲、熟杀熟的套路，把一波波心怀暴富梦的人们坑进来。

2018年6月，P2P平台接连爆雷，其中就包括"汇淘金""爱多银"两个投资网贷平台。两个平台停止兑付后，警方接到了不少投资人的报警。民警在调查中发现，设立"爱多银"平台的爱慕杰信息技术有限公司实际上是一家空壳公司，2017年9月，51岁的江苏男子潘某花130万元买下公司的全部股份并请人在网上搭建了"爱多银"网贷平台，将公司注册地和经营地变更为某写字楼。潘某只有初中文化，没有任何金融从业经验，而且在收购公司前，他已经债务累累，名下房产也已被法院查封。据潘某交代，爱多银平台上的借款标的都是虚构的，根本就不存在所谓的"借款人"，从投资人处收来的钱，最后都打进了潘某控制的账户，其中一部分用来支付员工工资，一部分用来偿付之前客户的本金和利息，还有约30%都花在了给平台做广告上。这样做的最终目的是"转卖"平台，从中赚取"转手费"，所以，收购这个平台以后，他就不断花钱打广告，吸引新的投资人进来，想等半年以后，再把这个"锅"甩给别人。

思考： 大众对理财产品的期待是怎么样的？

互联网金融风险暴露监管短板。如面对一些网销保险过分夸大收益率行为，保监会颁布了《互联网保险业务监管暂行办法》，但网站上假保单、虚假宣传等仍屡见不鲜。再如利用第三方支付平台、网络融资平台等进行信用卡犯罪，对发卡银行的迷惑性强，危害性也更大。2017年，北京市检察机关起诉的金融犯罪案件中，信用卡诈骗罪占总数的47.8%。另外，如何加强对直销银行远程开户的监管，也会引发一些新的法律问题。

互联网金融违法犯罪手段复杂多样。信息技术的日新月异，使互联网金融违法犯罪呈现出操作流程网络化、迷惑性高、涉案资金大、周期长的特点。尤其是一些犯罪具有瞬间性，不露痕迹，容易毁灭证据，作案时间短、手段隐蔽、专业性强等特点，导致打击难度进一步加大。而这些问题反过来又会刺激市场参与者在其他"灰色领域"内继续作案，进一步加大金融风险。互联网金融业务的开放性使金融犯罪行为不再受时空限制。在互联网上，网络空间面向所有国家、所有公民，任何一台能够上网的计算机都能够从事所有的网络活动，没有地域限制，没有时间限制，某个个体行为的效果可以在任何时候直接出现在他国甚至多国的领域之内。例如，通过互联网金融业务实施洗钱行为，可以摆脱传统金融行业有关交易时间以及交易地点的束缚，洗钱分子可以在任意时间和任意地点，通过在线支付等方式，离析犯罪所得及收益。

互联网金融犯罪发现和查处难度大。互联网金融以网络作为交易平台，兼具金融风险的传染性、广泛性、突发性和网络风险的跨区性、隐蔽性、虚拟性，导致监管部门在管辖、调查核实和现场取证时面临困境。例如，要判定一个业务或交易行为的合法性，就要对交易数据进行提取、分析和审查。而交易的数据往往保存在公司的服务器中，服务器的存放地很可能与监管部门所在地不一致甚至相距较远，使得由于管辖、经费等原因导致提取难度变大。此外，根据"法无授权不可为"的行政原则，监管部门只能对法律法规明确规定的业务范围实施行政监管活动。而互联网金融呈几何状的加速扩张态势，往往会导致法律法规的完善节奏远远落后于互联网金融创新的发展步伐，从而产生巨大的监管空白，为互联网金融监管埋下隐患。

7.6 互联网金融风险防范

7.6.1 加强技术监测的可行性与必要性

互联网金融犯罪作为新兴网络犯罪，其证据的收集、固定往往以电子证据为核心，迫切需要通过运用技术手段解决这一现实难题，否则就会陷入疲于应付状态，出现防不胜防的尴尬。为建立健全实时动态的信息技术支撑体系，目前，国家互联网金融风险分析技术平台通过大数据、云计算、挖掘算法等科技手段，对一些涉案互联网金融企业的关联公司、区域分布、变更信息、诉讼记录、经营异常、人事信息等进行技术监测分析，适时发现金融风险较大的企业一些突出问题。

7.6.2 有效甄别复杂的股权关系

通过对互联网金融企业的对外投资、关联公司等进行数据分析，发现一些金融企业往往存在较为复杂的股权关系，为投融资暗箱操作提供了便利条件。如有的互联网金融企业与多个互联网金融平台相关联，而这些平台所属公司直接或间接指向了该互联网金融企业或其控股股东。此外，还有多家由该互联网金融企业控股人作为法人代表或者股东的企业，通过多次股东、法人或高管变更等手段，成为在工商关系中与涉案互联网金融企业无关的公司。由此，通过技术监测手段可以锁定涉案成员，明确犯罪主体。

7.6.3 揭开不透明甚至是虚假项目的面纱

一是针对一些企业借款项目高度不透明且集中度较高的特点，通过查证借款公司的真实身份，可以发现多个项目的借款方虽伪装成不同的公司，但实际上均来自同一人名下企业。当监测发现出借人与借款人的债权债务关系与借贷资金实际流向不能对应时，就可以顺着变相吸收公众存款的思路查证其融资行为的本质。二是有效发现涉嫌虚假标的自融。如有的发起人用本人身份在网络平台注册会员，或者虚构多个借款人利用虚假身份自行发布大量虚假抵押标、宝石标等进行借款融资；有的平台编造虚假借款项目，冒用其他企业名义为自己进行借款；还有的对资金池内的资金进行违法违规使用等，揭开这些虚假标的自融，可以及时发出"爆雷"预警。

7.6.4 监测异常行为为揭开骗局争取时间

通过对企业变更信息、诉讼记录、经营异常、招聘信息进行监测，能够提前预测公司的发展异常，从而为揭开金融骗局争取宝贵时间。如通过对某企业进行监控发现，其两年内注册的关联公司达到800多家，短期内进行了大规模扩张和投资。同时，发现较多经营异常信息，包括登记的住所或者经营场所无法联系、未公示年报、弄虚作假等，从而有效发出预警。平台还可以通过对关联公司的监测，对涉案平台的经营区域、群众受损范围和受损程度等进行评估，从而为有效惩治互联网金融犯罪提供有力帮助。

7.6.5 防范互联网金融风险的建议

有效防范互联网金融风险，惩治犯罪，除了健全法律制度机制外，很大程度上还需要借助高科技手段，尽快完善技术监测体系。

一是建立大数据技术预测平台，运用大数据解构资金流和关系链。针对非法集资类案件涉及的海量电子数据问题，可以运用大数据建立资金特征分析模型，包括资金交易行为特征、账户特征、主体特征等，利用传统概率、挖掘分类算法等技术，在短时间内完成资金网络的刻画，利用关系可视化技术清晰展现资金的来源和去向，并且主动标注账号和主体的类别标签，准确评估受损范围和程度，为公安和司法机关惩治犯罪提供重要技术支撑。

二是加强行政执法与刑事司法的衔接，实现行政监管与刑法规制的良性互补。当前互联网金融监管与技术支撑体系尚未形成有效协同和联动，通过技术手段发现的问题，未能得到迅速处置和应对。必须及时建立健全金融违法犯罪的两法衔接平台，便于行政监管部门和司法机关及时掌握违法犯罪线索，形成惩治合力。

三是完善信用信息查询和分析系统，对互联网金融实行动态监管。要利用数据储存及备份、云计算共享、大数据挖掘、信息系统及数据中心外包等手段，借助电商平台、第三方支付企业信息、互联网金融平台交易信息等为互联网金融提供信用信息，披露互联网金融机构的财务指标、经营状况、风险控制等。同时，不断完善监管责任动态调整制度，适时更新各部门的监管责任分工，将新产生的互联网金融业务有效置于监管范围之内。监管部门根据职责分工，及时提取、定期分析互联网金融风险状况，定期对互联网金融平台和机构进行信用评估并公布，共同做好互联网金融风险防范工作。

7.7 互联网金融发展趋势与展望

7.7.1 发展趋势

互联网受创新驱动比较显著。互联网金融行业的发展正在受到新技术（如人工智能、大数据等）的推动。这些技术不仅改变了金融服务的提供方式，也为金融服务的创新提供了可能。例如，人工智能正在被用于风险评估和投资决策，新技术正在被用于支付和证券交易，大数据正在被用于信贷和保险定价。

以基于现代资产组合理论，结合投资者年龄，投资经验，风险偏好和理财目标，通过算法建立投资证券组合，并持续跟踪市场变化，为资产进行平衡的服务的智能投顾为例。智能投顾，又称为智能投资顾问，一般认为是运用大数据、云计算、人工智能等先进信息技术，根据投资者的风险偏好，利用资产配置模型匹配出最优的投资组合，向普通投资者推荐产品的新型服务。智能投顾硬件要求决定了它的产品设计依赖计算机算法，销售通过在线投资理财平台，管理又离不开金融投资的基本理念。

智能投顾，始创于2008年左右的美国。先行者Bettermrnt、Wealthfront等机器人投资顾问公司成立，金融科技开始重塑理财市场。虽然有说法❶认为智能投顾服务的面世与金融危机有着某种关联，但是目前没有研究表明有明确的关系。2016年左右，智能投顾被引入中国，我国银行和基金公司都开发了智能投顾的产品。

国内外的智能投顾运作情况如何呢？截至2022年，全球智能投顾管理资产规模已达2.45万亿美元，拥有3.48亿客户。到2026年总金额将会超过3万亿美金。在智能投顾领域，到2026年，投资者用户数量将超5亿。

根据USNews2021年2月的报道，在疫情期间，美国主流投资平台的智能投顾新开户业务不减反增，个别平台出现比上一年比同期150%的增长。这是在2021年美国和全球股市剧烈波动的情况下引自Blooming的数据；另一个有趣的现象是在2022年开年国际形势和经济政策变化激烈情况下，智能投顾的增长速度呈上升趋势。

课外案例7.1
中国农业银行Chat ABC

智能投顾产品为什么发展如此迅速？从产品设计的理论基础来看，其将投资组合理论、行为金融学、效用理论等多种理论融入算法设计；从统计应用来看，对市场数据波动进行及时、高效的分析处理；从产品创造来看，对投资组合实现跟踪和自动调整；从使用体验来看，实现了用简单明晰的用户界面来展示原本复杂的投资决策。整个销售过程透明、便捷，使普通投资者在不需要大量金融专业知识储备的情况下可以参与，并发展一人一投、千人千投的个性化定制，对传统投资管理发起巨大挑战。

课外案例7.2
江苏银行——智慧小苏

我国智能投顾入场虽迟，但发展速度惊人。传统银行借助AI技术纷纷推出智能投顾系统，如中国银行、工商银行、招商银行等；金融科技公司和理财平台比如京东智投、宜信投米RA、蓝海财富、弥财也加入了这一波热潮。如此众多的参与者基本可以分为三大系列：传统金融、互联网金融及创业公司，见表7.1。

课外案例7.3
君弘灵犀大模型

表7.1　　　根据2020中国智能平台Top50❷数据整理智能投顾格局分布

传统金融	互联网金融	创业公司
中银慧投（中国银行）	蚂蚁聚宝（蚂蚁金服）	蛋卷基金（雪球）
工行AI投（工商银行）	智投魔方（光大证券）	理财魔方（口袋财富）
摩羯智投（招商银行）	贝塔牛（广发证券）	超级智投宝（南方基金）

课外案例7.4
众安保险AIGC案例研究

---

❶ 刘亦载.中国智能投顾发展现状和模式探索［Z］.决策者金融研究院第8期线上直播，2021.
❷ 德本咨询，eNet研究院.互联网周刊选择排行［Z］.2020.

续表

传统金融	互联网金融	创业公司
信智投（中信银行）	华宝智投（华宝证券）	水滴智投（中欧基金）
银行系	券商系	基金系

智能投顾的优点包括以下几个。

(1) 个性化投资建议：根据投资者的风险承受能力和投资目标，智能投顾可以为每个投资者量身定制个性化的投资组合，更好地满足其投资需求。

(2) 精准的投资决策：智能投顾利用大数据分析和算法模型，可以对市场进行全面、准确的分析和预测，帮助投资者做出更明智的投资决策。

(3) 低成本的投资服务：智能投顾的服务通常具备低成本、高效率的特点，相对于传统的人工投资顾问服务，投资者可以享受到更便宜的投资管理费用。

(4) 便捷的操作方式：智能投顾一般通过在线平台提供投资服务，投资者可以随时随地进行投资管理和资产配置，无须与传统投资顾问面对面沟通。

然而，智能投顾也存在一些风险和挑战。

(1) 技术风险：智能投顾的投资策略和建议基于算法模型和大数据分析，如果技术出现故障或错误的数据输入，可能导致投资决策的不准确和损失。

(2) 数据隐私和安全风险：智能投顾需要获取投资者的个人和财务数据，存在数据隐私和安全的风险，如果投资者的个人信息被泄露或被滥用，可能导致重大的损失。

(3) 无人工辅助：智能投顾通常是基于人工智能和大数据分析的自动化服务，缺乏人工顾问的专业指导和个性化沟通，可能无法完全满足投资者的需求和期望。

总的来说，智能投顾是一种创新的投资理财服务，能够为投资者提供个性化和低成本的投资建议，但在使用智能投顾时，投资者也需要对其技术风险和隐私安全风险有一定的认识和防范意识。

从发展趋势比较国内外互联网金融，有以下几点不同。

(1) 行业整合度不同。随着互联网金融行业的发展，行业内部的竞争也在加剧。一些大型的互联网金融公司通过并购和合作，正在扩大自己的市场份额和业务范围。同时，一些传统的金融机构也在通过与互联网金融公司的合作，来提升自己的竞争力和对年轻投资者的吸引力。另外，随着中国加入WTO（世界贸易组织）进程和国际化的参与程度越来越高，互联网金融与国际接触的机会也将越来越多。

以我国公募基金最近几年的状况作为典型代表分析，我国基金业协会公布的数据显示，截至2021年第一季度末，我国公募基金的总规模突破了"历史新高"，已经达到了21万亿元。同时，购买基金的人数也已经达到了6亿，这就相当于，在我国差不多每两人就有一个人买过基金。与世界上比较发达的国家相比，我国资本市场的发展时间比较短，国内第一个基金于2001年发行。市场成熟度及专业程度都有极大的提升空间。

(2) 专业化程度不同。与国外平均年龄45岁的基金经理阶层不同，中国新一代的证券市场从业领袖们平均年龄还不到 35 岁。大部分发达国家的基金从业人员需要经过长期严格的学术训练，在积累一定实际操作经验后才上岗，销售岗位和研究岗位清晰分离。

（3）销售渠道不同。国外基金销售渠道有银行、保险公司、理财顾问、直销、网上教育和基金超市；我国目前来看渠道虽在扩展，尤其是线上渠道，但是没有相关政策法律的加持，常常出现的情况是各种产品发行呈野蛮生长状态，管理层指导落后。作为门槛比较高的证券市场投资，传统的银行、券商渠道仍是主流。不过，以互联网为载体的独立基金销售机构近年开始崛起。截至 2021 年年底，代销的股票及混合公募基金占比已达 35%。例如，支付宝 2021 年非货币市场公募基金保有规模 12985 亿元，高于传统渠道领先的招商银行和五大行。中基协公布的 1 季度基金销售机构公募基金销售数据显示，蛋卷基金股票＋混合公募基金保有规模达到了 229 亿元。中国基金图鉴表示，在现有基民中，18 岁至 34 岁的人群占总人群的 60% 左右，可以看出，现在的年轻人的投资意识已经"觉醒"了。再加上现如今的手机智能时代，买基金可以直接通过手机等移动设备进行，对年轻人来说更加便捷，可选择的基金种类非常多，一键购买成为可能。《8090 后理财报告》显示，受访者群体中，超过 44% 的年轻人是直接在网上进行投资理财的。

（4）投资周期不同。与英、美等发达国家相比，它们经历过数次经济危机，制度设计和社会发展情况与我国不同，以美国为例，基金的发展是在 20 世纪 90 年代退休养老计划推出之后慢慢形成稳定长期趋势。养老基金进入公公募基金，而且成为投资者购买基金的主要渠道。从大学毕业生参加工作开始，工资在发放之前有一份就打入养老金计划，不可随意提取，只有在极其特定的条件下才可支取。这些资金交由第三方管理机构专门管理。这些专业机构为基金市场输入资金，积少成多，讲究复利。我国的年轻投资者比较少拿养老金进入投资市场，多是闲钱，抱着短期内赚大钱的心态，快进快出。随着最近总体就业形势的收紧，寻找或维持工作、保持一定生活水平的压力使现在年轻人感到普遍焦虑。"躺平""内卷"等热词的出现反映了年轻人内心虽然对财富有所渴望，但是心有余力不足的现实。一些人缺乏长期刻苦的专业训练，懒得研究又想在短期内改变现状，内心的空虚投射到管理大量财富的个人身上，期望能够"带我飞"。出现了赚钱了欢天喜地、亏钱了鬼哭狼嚎的现象，投资活动成为情绪宣泄的出口。

（5）财经自媒体不同。年轻投资者买基金常常通过亲朋好友、自媒体推荐而不是理性分析，情绪化跟风明显。自媒体也乘着青年对于财富的渴望，相继在各种平台推出内容，以吸引眼球，形成自己的粉丝圈。观察其后台数据，自媒体博主大都非常年轻。即使是资深自媒体人，也通常会选择年轻博主搭档以赢得粉丝注意与喜爱。这部分内容在国外受到严格监管，普通个体投资者有完善的退休金投资计划，很少参与专业的资金投资。

电商平台尤其是手机平台的互动营销和传统媒体不同，在手机界面展示中，需要通过相对刺激性的文字和图片来展示产品服务特色，在碎片时间中抓住注意力。与传统商品的买家秀、卖家秀不同，电商平台尤其是金融销售平台，更加利用投资者特别是年轻投资者"财富自由"的虚假谎言,在数据展示中夸大收益,回避损失。

从自媒体诞生以来,尤其是非文字类自媒体,在吸引年轻人消费过程中不遗余力渲染"精致生活",提出生活品质和消费产品关联,推出借款贷款的业务。在基金销售中,自媒体报喜不报忧,顺着潮流,让购买基金成为一种生活方式,传播的便利和迅速借着"钱"这一载体被放大。

作为非实体产品,基金产品的描述介绍充满玄机。首先,基金代销平台注重规模,大多推荐基金经理为平台、基金公司背书,极度标签化经理本人和基金特色,比如"最强""排行榜""年收益率""选基就是选人",简化弱化投资的复杂和不确定性。原本需要投入大量时间和精力去研究的产品说明缺乏内容或者根本不提示风险,导致大量资金涌入,大部分年轻消费者并不知道自己购买的基金背后到底买了什么股票。其次,平台在推送基金时,常用"精选""严选""金选"等词汇,但是选择的过程和结果并不公开,年轻投资者会误以为这一类型的服务产品经过大量的研究和筛选,基金经理承担投资顾问的角色,形成了营销中的重大误导。传统业务中销售业务和投资顾问业务按照规定是严格分开的,这是为了保持独立且规避风险。互联网平台有意模糊化两者,让基金经理背负不必要的责任,让消费者增加选择的困惑。最后,年轻人选择的年轻的基金经理出现光环,经理们为了基金营销或是品牌宣传的目的抛头露面。在一两年的短时间内基金经理帮助公司打响了公司的名气,帮平台赚取了手续费,为自己树立了品牌和声誉。市场波动中,基金经理赚钱了可以有业绩提成,赔钱也有管理费收入,即传统意义上的"保障"。可是,基金经理转换公司,基金品类变换平台,年轻投资者的收益和长期投资的理念未被特别关注和培养。

(6) 监管加强不同。随着互联网金融行业的发展,各国政府和监管机构正在加强对这个行业的监管。一方面,监管政策的制定和执行有助于防止金融风险和保护消费者权益;另一方面,合理的监管也可以为互联网金融的创新和发展提供一个稳定的环境。

【案例7.5】
互联网金融领域4项金融国家标准近日发布

据《上海证券报》2023年8月23日消息,近日,中国互联网金融协会(以下简称"协会")牵头研制的《互联网金融 个人网络消费信贷 信息披露》《金融行业开源软件测评规范》《互联网金融智能风险防控技术要求》《互联网金融 个人身份识别技术要求》等4项金融国家标准由国家市场监督管理总局、国家标准化管理委员会(以下简称"国标委")正式发布。以上4项金融国家标准由全国金融标准化技术委员会(以下简称"金标委")归口并执行,人民银行为主管单位。

1. 《互联网金融 个人网络消费信贷 信息披露》(GB/T 42925—2023)

该项标准由协会牵头组织中信百信银行、四川新网银行、北银消费金融、中国对外经济贸易信托、蚂蚁科技集团等单位编制。该项标准规定了境内从事个人网络消费信贷业务的从业机构信息披露行为相关要求和内容,包括信息披露的原则、范围以及具体披露信息内容等,信息披露应遵循真实性、完整性、准确性、及时性等原则要求,披露对象范围包括面向社会公众、面向个人网络消费信贷的借款人,具体披露信息内容主要分为从业机构信息以及贷款年化利率等关键业务信息。标准的研制发布将为有关从业机构规范信息披露行为提供指引，进一步提高从业机构信息透明度，在保护消费者个人信息和从业机构商业秘密的前提下，向公众公开、透明地披露相关信息，有效保障消费者知情权等合法权益。

2.《金融行业开源软件测评规范》(GB/T 42927—2023)

该项标准由协会牵头组织中国建设银行、中国工商银行、中国农业银行、中国银联、交通银行等单位研制。该项标准规定了金融行业开源软件测评体系和对应的测评模型与测评方法，适用于金融行业的开源软件测评工作。标准的研制发布将有效规范金融机构在引入开源软件前进行评估，帮助金融机构进行技术路线选择和开源软件选型，提升开源软件的质量和成熟度。

3.《互联网金融智能风险防控技术要求》(GB/T 42929—2023)

该项标准由协会牵头组织支付宝、中国工商银行、中国建设银行、中国邮政储蓄银行、广东华兴银行等单位研制。该项标准规定了互联网金融场景下智能风险防控技术所需满足的技术框架、功能要求、技术要求、实现的安全要求以及运行要求等，适用于开展互联网金融业务的组织机构，以及提供智能风险防控技术服务的机构。标准的研制发布有利于从技术层面规范在互联网金融领域广泛应用的大数据风控平台，提升从业机构的风险防控能力，尤其是有利于防范互联网金融新型账号、交易、支付和信贷风险。

4.《互联网金融 个人身份识别技术要求》(GB/T 42930—2023)

该项标准由协会牵头组织支付宝、中国建设银行、中国银联、旷视科技、同盾科技等单位研制。该项标准规定了应用于互联网金融服务的个人身份识别技术要求，包括技术框架、凭据技术要求、身份识别技术要求以及安全要求，适用于互联网金融服务中与个人身份识别相关的服务与活动。标准的研制发布有利于在互联网金融服务中实现个人信息保护、信息安全、数据安全与交易便捷之间的良好平衡，有利于实现对个人身份识别可信度的互认，防范洗钱、电信诈骗等风险问题。

下一步，协会将在人民银行的领导下，在国标委和金标委的指导支持下，加强对以上已发布的4项金融国家标准的宣传培训，通过协会自律管理、检测认证等方式促进标准的贯彻实施。

思考：这些国家标准的出台可以起到什么作用？

7.7.2 展望

互联网金融的未来发展可望持续朝着多元化、科技化和合规化的方向前进。

首先，互联网金融业将进一步走向多元化。随着科技进步以及用户需求的日益复杂化，新的互联网金融业态将不断涌现。从支付、借贷、保险、证券交易到财富管理，无一不在互联网化、智能化的浪潮中寻找更有效的解决方案。这种趋势将进一步推动金融服务和产品的创新，满足消费者多元化的金融需求。金融产品的任何营销手段，都应该是引导投资者理性决策。建议销售方加大风险提示的频率，和普通投资者尤其是年轻投资者多沟通，甚至运用自媒体平台进行交流。将基金经理去符号化，使营销回归到产品本身，多挖掘服务类产品的内涵。从服务营销角度考虑需求多样化，设计多样化产品。以基金电商为例，靠提供短期情绪或者打造网红产品、高波动产品、标签化产品可以暂时迎合流量时代的销售规模，只要一波流量曝光，对投资和行业生态长期有益无损的方式可能会被淘汰。未来也许会出现品牌化的内容驱动型产品，吸引长线资金沉淀，走窄且正确的路。

其次，科技将是互联网金融未来发展的关键驱动力。人工智能、大数据等新兴科技将在金融业中发挥越来越重要的作用，它们将提高服务效率、降低交易成本，并使风险控制更加精准。特别是在财富管理、风险控制、反欺诈等环节，科技将对互联网金融行业产生深远影响。

最后，金融作为与国民经济息息相关的领域，历来就是强监管的市场。互联网金融的合规化进程将加速。随着监管层对互联网金融风险的关注度提高，行业合规化趋势日益明显。监管机构不断完善对互联网金融的监管制度，强化风险防控，以保护消费者利益并维护金融市场的稳定。因此，互联网金融公司必须注重合规，构建健全的风险控制体系，以适应日益严格的监管环境。

【本章小结】

未来的互联网金融行业将是一个多元化、科技驱动、严格合规的行业。公司们将在这个过程中不断创新、提升服务质量，以满足消费者的多元化需求，同时也要充分应对监管压力，确保业务的合规、稳定发展。

【课外阅读】

观看中央电视台 4 集纪录片《基金》。

第 7 章
课后习题

第 8 章

平 台 竞 争

【开篇案例】

腾讯的竞争史

腾讯公司自1998年创业,以即时通信工具——广为人知的QQ软件起步,逐渐进入社交网络、互动娱乐、网络媒体、电子商务等领域,如今已成为世界级互联网巨头。腾讯1998—2016年的发展历程如图8.1所示。

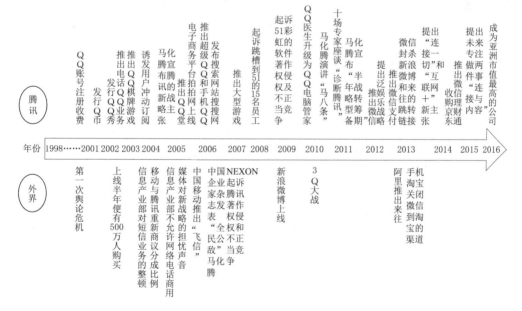

图 8.1 腾讯 1998—2016 年的发展历程

1998年,OICQ上线仅两个月,用户增长就呈一条非常陡峭的抛物线。上线9个月,注册用户已达100万。2004年8月,在正式运营1年后,QQ棋牌游戏同时在线人数达到62万,到12月底,突破100万。同年,腾讯创建门户网站,其门类几乎复制了其他新闻门户。2004年8月雅典奥运会期间,腾讯通过QQ客户端向用户推送奥运新闻。QQ客户端与新闻网站的无缝衔接,使QQ用户点击弹出的迷你窗口进入腾讯的门户网站。这是腾讯第一次将QQ流量导入其门户网站。腾讯借此功能使得门户网站的浏览量出现几何级的上涨,每日浏览量冲到国内门户网站综合排名第四。

第 8 章 平台竞争

迫于与微软的社交软件 MSN 竞争,腾讯做了很多工作。首先,腾讯于 2005 年完成对 Foxmail 电子邮箱的收购。当时 2000 万的商务人士用户中,腾讯占 47%,MSN 占 53%。由于当时的 QQ 在很多商务人士看来仅仅是聊天工具,MSN 才是办公信息化的必需品,所以腾讯于 2005 年 2 月收购 Foxmail。其次,腾讯和美国谷歌合作,为谷歌提供网页搜索服务,谷歌的网页搜索框嵌入腾讯的各主要互联网服务。此后,QQ 逐渐占据上风,易观国际统计显示,2008 年第二季度 QQ 与 MSN 市场份额分别为 80.2%,4.1%。

2006 年,腾讯希望与联通合作,在联通手机中内置 QQ,向用户提供一键通服务,遭到联通的拒绝。马化腾迅速作出了自立门户的决策。腾讯迅速推出超级 QQ 和手机 QQ。超级 QQ 是进化版的移动 QQ,与电脑端的 QQ 号码实现无缝连接,为用户提供短信包月服务,每月费用 10 元。手机 QQ 是安装在手机上的 QQ 软件。腾讯与诺基亚、摩托罗拉等手机制造商合作,在其手机中预装软件。腾讯的收入来自简单的手机游戏和短信增值服务。2007 年年底,移动增值业务收入恢复性地突破 8 亿元人民币。

同时,为了实施"在线生活"的战略,腾讯开始进入互联网的各个领域。2005年 9 月腾讯发布独立域名的电子商务交易平台拍拍网,一个月后与之配套的在线支付工具财付通上线。2006 年 3 月 13 日,腾讯宣布拍拍网已拥有 700 万注册用户,并在这一天正式进入商业运营,同时发布搜索网站搜搜网。2006 年 5 月,淘宝推出"招财进宝"意在让卖家通过付费推广获得更多的订单而招致卖家反对。此时拍拍网推出"蚂蚁搬家,搬出美好前程"的促销活动。淘宝认为这是腾讯是在"趁火打劫",引发一场口水战。结果是淘宝妥协,而拍拍网交易量大增,超过 eBay 成为国内第二大 C2C 网站。

腾讯的 QQ 空间在 2006 年进入快速迭代的阶段。初期借鉴了博客模式,但经过若干版本的更新,QQ 空间创新性地增加了不少好友间互动的功能。2006 年第三季度,QQ 空间的注册用户突破 5000 万,月活跃用户数约 2300 万,日访问人数超过 1300 万。

2005 年 1 月,腾讯模仿盛大的"泡泡堂"游戏推出"QQ 堂"。2005 年 7 月,"QQ 堂"推出新版本,大大提高了游戏的趣味性,3 个月冲到同时在线人数达 10 万用户的级别。QQ 堂保持每月一次的改版,用户持续增加,直逼"泡泡堂"。"泡泡堂"2006 年第二季度财报显示,其收入较上季度降低 17.8%。2006 年 9 月,盛大说服拥有 BNB 著作权的 NEXON 公司以腾讯涉嫌著作权侵权和不正当竞争为由向北京市第一中级人民法院提交起诉函。经过长达 6 个月的官司,最终腾讯胜诉。

腾讯在各个领域的布局和发展引起了诸多企业的不满。2010 年 7 月各大网站开始了对腾讯的集体讨伐。2010 年 9 月,360 公司在其网站上开设"用户隐私大过天"的讨论专区,谴责 QQ 在未经用户允许的情况下偷窥用户隐私文件和数据。面对突如其来的攻击,腾讯发动多个部门进行反击。2010 年 10 月,360 公司推出一款名为"扣扣保镖"的新工具。腾讯将此软件定义为非法外挂,2010 年 11 月,腾讯决定在装有 360 软件的电脑上停止运行 QQ 软件。双方斗争白热化之时,网上舆论几乎是一边倒地声讨腾讯。

2010年12月，马化腾参加第九届中国企业领袖年会，发表题为"关于互联网未来的8条论纲"（后被媒体归纳为"马八条"）。马化腾表示腾讯要进入为期半年的战略转型筹备期，转型的原则就是开放和分享，转型的办法就是广泛听取社会各界的建议、忠告和批评。

2011年6月15日，腾讯在北京举办了千人级的首届合作伙伴大会。腾讯宣布将原先封闭的公司内部资源转而向外部的第三方合作者无偿开放，包括开放API、社交组建、营销工具及QQ登录等。2010年腾讯总体收入200亿元，分配流入第三方合作伙伴手中的金额高达40亿元。

2013年11月11日，腾讯创业15周年，马化腾发表"通向互联网未来的七个路标"的主题演讲，首次提出"连接一切"和"互联网＋"的新主张，指出微信的公众平台可以成为用户与实体世界的一个连接点，进而搭建一个连接用户与商家的平台。2015年的全国两会上，"互联网＋"的概念出现在政府工作报告中。2016年，马化腾在第二届腾讯"未来＋云"峰会上说："'互联网＋'的基础设施的第一要素就是云。"这一年腾讯云已为百万开发者提供服务，数据中心节点覆盖全球五大洲，行业解决方案覆盖游戏、金融、医疗、电商、旅游、政务、教育等多个行业。马化腾公开向合作伙伴表示："越来越多的企业向云端移动，除了节省成本，提高效率，更重要的是每个企业把独特的资源和能力凸显并分享出来，其余的工作交给生态伙伴。这正是我们过去5年来的选择。"

思考：
（1）梳理腾讯发展（1998—2016年）的若干阶段，都有什么特点？
（2）腾讯的竞争为何会引起"公愤"？
（3）腾讯是如何改变这种竞争状态的？

【学习要求】

理解平台"赢家通吃"现象的概念以及产生的条件；理解平台竞争过程中采取的包络手段，了解包络的类别及作用；了解平台应该如何具备延展性，以及延展性读平台成长的重要性；了解平台治理包括的内容。

8.1 平台的"赢家通吃"现象

平台之间的竞争一直存在，之前章节中提到的阿里巴巴与eBay的竞争。淘宝打败eBay之后，阿里巴巴旗下的淘宝和天猫平台一度占据高达90%的中国电子商务市场。虽然在电商领域，尚未有其他平台可以抗衡，但是平台之间的竞争仍然在进行。由于阿里巴巴承诺"三年免费"，也就是说不能像eBay一样通过对买卖家之间的交易进行收费，而是需要一种区别于eBay而且能够收费的模式。于是阿里巴巴决定采用一种广告模式，即产品搜索。这是搜索广告中利润非常高的一块内容。但打造基于产品广告内容的商业模式，就要和被视为"中国谷歌"的百度发生正面冲突。百度的网络爬虫能够归档阿里巴巴、淘宝站点的网页。当用户想搜索某商品时，通过百度搜索结果再链接到阿里巴巴、淘宝网页。为了成为中国产品搜索第一大网站，阿里巴巴屏蔽了百度这些外部搜索引擎。因此，在中国，如果想搜产品，人们的第一反应是去淘宝看看，而不是百度。

平台竞争的结果往往会产生"赢家通吃"的结果。如在淘宝和 eBay 的竞争中，当 eBay 败下阵后，淘宝便占据了电子商务市场的主导地位。而在阿里巴巴与百度的竞争中，阿里巴巴又取得决定性的胜利，在产品搜索这个细分领域中成为市场领导者。淘宝在这些市场领域中都占有很高的市场份额，处于"赢家通吃"地位。处在"赢家通吃"地位的平台也往往会呈现出垄断态势。如 2013 年，阿里巴巴在其所有市场暂停使用腾讯推出的社交 App 微信，甚至员工工作期间也被要求使用阿里巴巴自行开发的来往 App 进行沟通。在社交领域占有绝对优势的微信自然不甘示弱，在微信上屏蔽了阿里巴巴的支付宝。

通常当市场上出现第一名的市场占有者远超第二名的现象时，第一名会拥有四成至六成甚至更多的份额，我们称其处在"赢家通吃"的市场地位。处在"赢家通吃"地位的企业，会因为拥有大量用户、大比例市场份额，进而拥有强劲的网络效应，又因网络效应继续扩大市场份额，产生马太效应。一般来说，如果存在以下三个条件，"赢家通吃"的垄断现象就越可能发生：①高度的跨边网络效应。很强的跨边网络效应意味着平台双边用户互相吸引、互相依赖，难以分离，就希望留在这个平台与对方进行交易。②高度的同边网络效应。同边用户数量多，彼此互相吸引、交流。③高度的转换成本。转换成本是用户离开平台要承担的代价。转换成本越高，用户越不会轻易离开平台。例如，PC 操作系统市场，微软的 Windows 系统占了 95% 的市场份额。如此之大的用户规模，应用程序开发商极愿意基于 Windows 系统开发软件，而用户也因为平台上丰富的应用程序，而更愿意持续使用 Windows 系统，因此具有很强的跨边网络效应。而用户之间，尤其是同个单位、同个部门，由于文件传输格式需要一致等原因，更倾向于采用相同的操作系统，因此产生很强的同边网络效应。由于各平台的操作方法不同等原因，转换操作平台会产生额外的学习成本、精力成本等，因此转换成本较高。可见，当产生"赢家通吃"现象后，平台在一定程度上会形成垄断。

平台之间的竞争是基于各自的用户网络。但是用户的迁移速度超级快，当有新平台提供新的价值，用户很有可能迅速迁移到新平台。因此，处在"赢家通吃"地位的平台并不代表着能够一直维持这个垄断地位。这个"赢家通吃"状态只是平台在某个时间节点的状态。当商业环境变迁、颠覆性技术出现时，许多处在"赢家通吃"地位的企业也会逐渐失去市场份额，甚至迅速退出市场。如抖音进入电商市场后，直播带货的兴趣电商方式搅动了电商的市场格局，逐渐蚕食着本属于淘宝、京东等传统电商的市场份额。淘宝多年来一直占据国内 70% 以上的电商市场份额。但在抖音电商的冲击下，2023 年淘宝在电商零售市场的占有率已经下降到 60% 以下。见案例 8.1。

【案例 8.1】

抖音电商与淘宝电商的竞争

淘宝、京东等传统电商曾长期占据中国电商市场的主导地位。它们依靠丰富的商品种类和强大的物流能力在市场中站稳了脚跟。传统电商面临的困境主要有两个方面：第一，消费者的购物习惯正在发生变化。特别是90后和00后的年轻消费者更倾向于通过社交媒体进行购物，并且更加关注个性化和时尚的商品选择。第二，传统电商的商品选择和推荐算法已经过时。传统电商平台在商品种类和内容推荐方面存在瓶颈，无法满足用户个性化和时尚化的需求。

随着社交媒体和短视频的崛起，抖音逐步进入电商领域。短视频作为一种传播媒介，购物转化率通常高于图文模式。图文页面的信息密度低，用户需要经过思考才能筛选出重要的信息，因此在购买时会更加理性，下单更加犹豫。而且短视频能够营造一种"逛"的感觉，从而增加用户停留时间，进而增加下单的概率。抖音的直播带货也正好迎合了用户通过社交媒体进行购物的需求，用户直接通过视频中的商品展示和购买链接，简化了购物流程，有更好的购物体验。同时抖音凭借其强大的内容推荐算法和庞大的用户基础，能够更准确地推送符合用户兴趣和口味的商品，提供更好的购物选择。抖音进军电商市场后，淘宝的市场份额在2023第二季度只有44%，同比减少了12个百分点。而抖音的市场份额则从5%一路飙升到14%，增加了整整9个百分点。抖音已经是电商市场中后来的不可轻视的强劲竞争对手。淘宝"赢家通吃"的垄断地位开始被撼动。

抖音电商从短视频开始，走的是内容电商路线，围绕短视频和直播主打"货找人"的电商逻辑。但内容电商对于大多数中小商家而言，还是有一定的难度。因此，抖音也学习淘宝，同步实施"人找货"的电商逻辑，即同时开展内容和货架的双轨制电商业务。2003年6月，抖音模仿淘宝客体系，正式推出了面向抖客的"超级红包"和分佣政策。

与此同时，淘宝也在学习抖音，对已有电商模式进行改革。淘宝的slogan在2020年6月由"随时随地，想淘就淘"改为"太好逛了吧"，表明淘宝不仅仅是购物平台，更是提供了一种消遣方式。2022年8月，淘宝更新了搜索功能，部分商品直接以短视频的形式出现。淘宝短视频界面与抖音十分相似，上下滑动右下角头像、点赞、评论、转发的顺序都是一致的。2022年，淘宝上线主图短视频，并渐渐代替了原本商品头图的位置。淘宝直播也开始致力于将娱乐与带货相结合，还从各处"挖"来了高人气的主播。

思考：
（1）抖音和淘宝电商各有什么特点？
（2）对于淘宝平台而言，该如何维持"赢家通吃"的垄断地位？

8.2 平台间的包络战争

Eisenmann et al.（2011）指出，现存的平台提供者不必依赖熊彼特创新来维持现行者地位，可采取平台包络，或者说，既有市场的新进入者可能绕过熊彼特创新，通过包络攻击现有平台所在的市场。如前所述，面对曾获"2003年度最佳国产网络游戏"和"2003年度最佳网络游戏运营商"两项桂冠的棋牌游戏提供商联众，腾讯公司采取跟进策略，提供与联众功能一样的棋牌游戏，并利用其庞大的

QQ用户安装基础，将QQ游戏捆绑于QQ聊天软件，将QQ聊天用户结转到游戏平台，从而顺利破除联众已有的网络效应，逐步蚕食棋牌游戏市场份额。又如，微软通过在Windows操作系统内捆绑IE浏览器，抢夺Netscape浏览器的市场。可见，包络不仅是某平台市场的新进入者发起进攻的重要手段，也是平台型企业跨界融合的主要工具。腾讯正是凭借QQ这个聊天工具所拥有的用户基础，从社区网络不停地跨越到游戏、娱乐甚至杀毒软件等行业。阿里巴巴，也是依靠其阿里巴巴、淘宝平台等第三方交易平台所累积的用户基础，逐步向支付、物流、金融等领域延伸。

【案例8.2】

携程旅行网和竞争对手

创立于1999年的携程旅行网是个提供旅游产品订购与信息解决方案的平台企业。它以商务人士、自助旅行人士等散户客群为主，协助人们订购机票与酒店等产品。携程的供应商用户是酒店、机票销售中心等。当产生交易后，它们会拆分一部分佣金给携程。携程本身不拥有这些旅游产品，仅扮演信息平台的角色，提供信息整合、价格对比等服务，将产品以低廉的价格（有时甚至是低于成本的价格）分销给有需求的消费者。可想而知，通过携程的线上分销渠道，供应商得以接触到庞大的消费者群体。携程掌控着所连接的双边市场，以累积的消费者基数为平台话语权，强迫供应商拿出非常具有吸引力的低廉售价。而这些低价甚至免费的产品转而成为携程生态圈中吸引消费者的利器，这是一种反向话语权，可使企业稳操胜券地加速扩充用户数量，达成正向循环并突破临界数量。携程于2003年在美国纳斯达克成功上市，其业务范围跨越了上千座城市、数万家酒店；其生态圈在2002年仅拥有300万名会员，这个数量到了2010年却增长了10倍，注册会员突破了3000万。其收益也从2006年的7.7亿元人民币逐年成长至2010年的28.8亿元人民币。论市场份额，携程已数年维持在50%左右，占据市场冠军的位置。

但当旅游订票这块"大饼"有利可图，竞争者也从四面八方涌现。先有艺龙旅行网、芒果网，后有途牛网，这些都是同质度比较高的竞争者。还有将自己服务的价格区间定位于20~300元的经济型酒店的青芒果旅行网。

但携程所面对的威胁不只是这些肉眼可见的在同个旅游电商市场内的竞争对手，更大的威胁可能来自看似不相关的阿里巴巴。其旗下的"淘宝旅行"正是携程的大敌之一。淘宝的优势在于其以网店为核心框架的生态体系，它可以从电子商务及其他来源获取利润，没有汲取旅游产品交易佣金的绝对需求。它仅将拥有强大消费者基数的平台开放出来，让众多航空公司、酒店进驻线上店铺，进行免佣金的直接销售。因此，在淘宝上销售的酒店机票产品，价格比携程更加低廉，这吸引了包括原本属于携程的老会员转换平台。不仅如此，腾讯也开始涉足了旅游这片沃土。"QQ旅游"吸引了诸多腾讯生态圈中的老顾客使用，并以现金返利为诱因，提供低廉的酒店、机票订购价格。用户只需使用QQ账号登录，便能享有这一平台的多元功能。而淘宝、腾讯等大规模平台企业的一贯手法，是凭借其已坚实的赢利渠道，进入一个新产业，推出高度补贴的免费服务，进行包络。

思考：

(1) 作为一家平台型企业，如何看待自己的竞争对手？

(2) 作为一家平台型企业，去包络和自己不太相关的市场需要哪些条件？

包络是平台型企业将其业务扩展邻近市场解决方案的主要战略（Eisenmann et al.，2011），常见于其跨界行为之中。包络战略就是在一个平台生态系统中添加一个新的功能模块。这一模块与邻近平台的解决方案或产品的功能相似，当用户基础与原平台生态系统重叠，这些用户便使用这个新增加的功能模块。通过包络，诸如阿里、腾讯等平台型企业经过跨界、融合、重构等一系列过程构建以其为核心的生态系统，互联网情境下的产业边界日益模糊。

案例 8.1 "3Q" 大战

8.2.1 发现包络机会的方式

包络已经成为平台型企业之间竞争所表现出来的一种广泛的现象，这也是形成平台市场演变的强大力量。平台市场可以通过无数的包络移动成为超平台市场，平台型企业发现包络机会有以下三种方式。

(1) 从用户需求出发，确定平台可以捆绑的产品或服务。这需要企业识别出平台现有终端用户所需的产品或服务，与现有平台的关系，这些产品或服务是否可以捆绑到现有平台中。如滴滴出行，从线上出租业务起步，识别出用户搭乘顺风车以降低出行成本的需求，进而推出滴滴快车、滴滴顺风车等业务。

(2) 从水平包络出发，观察可以进入邻近市场的产品或服务。评估平台用户与邻近市场用户的重叠程度，如抖音将带货功能结合进短视频平台，以短视频激发用户需求，实现兴趣电商，从而跨界到电商市场。

(3) 从垂直包络出发，观察可否进入平台上下游的业务。如，苹果 iOS 平台上应用程序开发者的云存储服务都是外包给 Dropbox 等外部服务提供商。但在 2011 年，苹果公司把云存储服务 iCloud 集成到 iOS 中。垂直包络的时候，需要在伤害相关互补者利益的弊端和给平台带来新利益之间进行权衡。苹果公司通过允许应用程序开发者将云存储能力集成到数千个应用程序中，从而降低了应用程序开发者的创新成本，大大地提高了应用程序开发者对平台的黏性，利大于弊。

8.2.2 反击竞争对手包络战略的方法

平台型企业一方面采取措施包络其他平台的市场，另一方面又要采取对策进行反击，防止被包络。有三种方法来应对被包络。

(1) 采取与竞争对手相似的商业模式。最典型的例子就是 2010 年苹果推出 iPad。用户可以通过 iPad 上的 iBook 阅读书籍，这无疑触碰了亚马逊电子书市场的利润蛋糕。于是亚马逊在 iPad 发布的一周后收购了一家名为 Touchco 的触屏公司，在 10 个月后便推出了 Kindle 阅读器。如此，亚马逊采取与苹果 iPad 相似的商业模式保护了自己的电子书市场，具体见案例 8.3。

(2) 分散"利润池"。俗话说，就是将鸡蛋分散在多个篮子里。平台型企业尽量使自己的利润来源更为多元化，比如快手、抖音等短视频平台，利润来源包括广告收入、直播间打赏、电商销售佣金等。

(3) 和不同市场领域的平台型企业结成同盟。例如在喜马拉雅上购买会员时，可以看到有联合会员套餐,价格会比较优惠。如果选择喜马拉雅和爱奇艺的联合会员套餐,成为喜马拉雅的会员同时也成为了爱奇艺会员。而在爱奇艺上购买爱奇艺和喜马拉雅的联合套餐,也同时将爱奇艺的会员变成了喜马拉雅的会员。可见,通过这种联盟,平台之间互相共享用户群体,形成双赢状态。

【案例8.3】

出版业的包络之战

亚马逊在通过网上平台掌控了读者基数后,开始进军电子阅读器市场。读者通过Kindle阅读器下载一本电子书的零售价大约为9.99美元,这比亚马逊支付给某些出版商12.99~14.99美元不等的价格还要低。Kindle当初价格在260~490美元之间,有非常大的利润空间。亚马逊在销售电子书上是亏损的,但能通过硬件盈利。多数出版商都没有终端阅读器可供销售,也缺乏线上平台分散利润源的措施,因此亚马逊通过对读者阅读内容的补贴模式,抢夺传统出版商的读者群体。

但在苹果的iPad出现之后,这种模式也受到了相当大的冲击。专为iPad设计的iBooks(电子阅读器)平台是个能让用户阅读、购买电子书的应用软件,且能协助用户整理自己的电子书库存,以图像方式呈现在虚拟书架上,充分满足用户的收集欲望。iPad 9.7英寸的触碰屏幕尤其受到市场用户好评。

而苹果iPad和亚马逊Kindle的竞争主要体现在三个方面。

(1) 对出版社的争夺。真正的角逐,体现在它们共同抢夺的内容边——也就是出版方身上。亚马逊低价出售电子书的行径引起出版商的极度不满。出版商担忧数字内容的边际成本为零,一遭复制,很轻易便能推翻长久以来卖一本书赚一份钱的产业形态。而苹果将定价权重新交还给出版商,让出版商自行制定价格的区间——在15美元以内,而苹果分得利润的三成,取代亚马逊过去善于压价的补贴模式。出版商希望亚马逊也采取这样的定价策略。亚马逊最终选择让步了,让出版商在12.99~14.99美元的区间定价,并分得30%的佣金。

(2) 对作者群体的支持。作者可以在Kindle发表作品,直接面对市场。如此一来,亚马逊的平台生态圈又正式添加了一个"边"的创作者群体。如此,作者群体能够绕过出版社,直接在Kindle上与读者见面。

(3) 对苹果的挑战。亚马逊在2011年9月推出同为触碰屏幕的平板电脑Kindle Fire。如同iPad,用户在Kindle Fire上也能下载电影、歌曲、游戏、应用软件,以及电子书籍、杂志。

思考:

(1) 亚马逊如何通过多维度的包络策略,打造、保护自身的平台生态圈?

(2) 试分析,亚马逊还能采取哪些措施,稳固自身平台生态圈的竞争优势?

8.3 平台的延展性问题

传统企业的成长要受到最有规模的限制。古典经济学为企业成长指明的方向是,须达到最优产量规模,此时边际成本等于边际收益。如果继续扩大规模,边际成本则开始高于边际收益。因此，当传统企业达到最优规模后，就不能持续增长。但平台型企业与传统企业不同。平台初期的建设成本很高，但之后每新加入的用户所代表的单位成本却接近于零。因此，对于平台而言，用户越多，平台收益越高。而用户不断增加的前提则是平台需要有很好的延展性。

【案例8.4】
疫情期间的钉钉

2020年春节前新冠病毒来势汹汹，一时间绝大部分城市的居民居家静默。2月4日，全国迎来复工、返程高峰。但是开工第一天，阿里钉钉便"罢工"了。较往年成倍增加等用户数量，使钉钉服务器一时出现系统崩溃。钉钉通过官方微博回应，已通过紧急调配，恢复正常。针对多地复工单位连续发生聚集性感染，钉钉经过全员紧急开发，发布了升级版的员工健康打卡产品，帮助复工企业做好日常健康管理。据悉当时有近1亿人每天在钉钉上健康打卡"报平安"。同时，钉钉还能通过机器人"防疫精灵""风险智能报警"等功能，将疫情重要信息精准推送到组织里的每一个人手中。以杭州市为例，个人在支付宝申请健康码，企业在钉钉上申请复工每日健康打卡。整个城市数字化有序恢复正常的生活和工作。在钉钉上，员工可以授权将自己的个人健康码信息同步到所在的企业，并每天坚持健康打卡。这样一来，企业可以更高效地掌握企业整体健康情况，并能及时对异常情况做出反应。而对政府来说，可以根据每个企业员工健康码情况，对企业复工申请快速做出反应，同时基于企业复工平台上的每日健康打卡，就可以掌握整个城市的企业健康情况。小小动作，层层传递，信息更透明，人人更安全。

针对企业方向，钉钉发布了一系列软硬件产品。除了主应用钉钉更新至5.1版本，还发布了采用达摩院研发算法的视频会议一体机F1，以及与成立于2017年的AR公司Nreal合作推出的AR眼镜Nreal Light。根据现场演示，该AR眼镜将支持Dingtalk Work Space功能，可以使用户通过眼镜看到与多人远程沟通互动的场景。钉钉智能人事也完成了第五次更新，新融合了OKR、KPI、积分制等多种管理工具的数字化绩效平台。

针对教育方向，钉钉更新了"家校共育"的版本到2.0，引入了合作伙伴。钉钉针对教学的课前、课中、课后三个环节，引入了爱学班班、宝宝巴士、松鼠AI、小盒科技和学霸君等在线教育服务商。钉钉提供的一份资料显示，这将为中小学、幼儿园老师提供教学素材和内容。

除此之外，钉钉还针对音视频通信产品进行了更新。首次发布的钉钉Live被视为直播功能的变化，将成为内容创作者的私域流量运营平台，支持内容创作者自主定价，而用户付费观看。这个产品面向知识付费KOL、培训班老师、培训机构和独立音乐人等人群。钉钉视频会议则更新增加了预约会议的功能，通过对参会人身份、入会方式和屏幕共享等三个方面的限制，提高会议的安全性。

2020年5月阿里钉钉CEO陈航宣布，截至3月31日，钉钉用户数量超过3亿，企业组织数超过1500万家。即过去9个月的时间，钉钉完成了一亿用户和500万家企业组织的拉新，而上一个亿级用户数增长，钉钉用了1年8个月。陈航还披露了疫情期间，有超过100万名教师参加了钉钉组织的数字化培训，其覆盖了全国14万所学校的 300 万个班级，有 1.3 亿学生利用钉钉完成了在线上课。

思考：

(1) 回想疫情期间，是否在生活工作或学习中遇到运力不足的平台？

(2) 平台的延展性在社会突发事件中起到怎样的作用？

平台在发展过程中，内外环境会不断发生变化，甚至出现不可预料的事件。如案例 8.4 中提到的疫情，这是企业所不能预料到的社会大事件。面对这样的突发事件，企业如何将其转化为自身发展的机遇？对于某些平台型企业而言，市场规模会突然扩大，比如新冠疫情中，大家居家不能外出，那么就会更多的人使用外卖平台、线上购物平台及叮咚买菜这类生鲜平台，还会有更多的人使用软件进行线上会议、上课等等。此时这些平台将面对市场用户规模的突然扩大，是否具备捕捉客户的能力？是否具有延展性，能够根据用户需要相应的提供新功能？

实际上，当时许多平台表现出来的延展性就各不一样。比如，疫情初期，线上买菜需求激增，叮咚买菜平台的运力顿时吃紧，每天的订单开始限量供应，而不能满足所有消费者需求。疫情对其供应链和物流能力产生很大的挑战。但叮咚买菜能够借疫情契机，加速发展。在 2020 年春节疫情极其严峻的情况下，叮咚买菜每天供应全国 1000 吨平价蔬菜、60 吨新鲜猪肉。全国 25000 名员工坚守岗位，严格防护，并根据当地疫情升级多项防疫措施，如强化产品供应链检测机制，严格执行物流、门店的防疫消杀等。其 2020 年和 2021 年的营收分别达到 113.36 亿元和 201.21 亿元，同比增速分别为 192.2% 和 77.5%。2021 年月均交易用户数达到 880 万，截至 2021 年年底，叮咚买菜拥有 60 个区域分选中心和 1400 个前置仓，前置仓面积达到 50 万平方米。同样，案例 8.4 中的钉钉，在疫情中不断更新平台功能、增加平台运力，展现出很强的平台延展性。可见，当环境发现突变时，平台如果拥有很强的延展性，就能抓住环境变化所带来的机遇，甚至能够井喷式成长。

怎样的平台是具有延展性的？首先，平台所提供的功能是可以复制的。平台设立的机制体系，所能提供的功能是可以复制给每一位新增用户，更不会因为提供给新增用户而损害到老用户所得到的价值。比如叮咚买菜，当需求量突然扩大时，平台所设立的机制体系能够迅速复制门店，提高平台运力和服务辐射范围。平台上商品供不应求、物流缓慢只是暂时的，很快就能因为平台复制功能得到解决；其次，平台能够迅速开发新功能。当环境发生变化时，势必需要平台提供一些新功能。此时，及时提供新功能的平台就在众多同质平台中脱颖而出。如钉钉，疫情发生之前，在诸多社交软件中并无太多可圈可点之处，用户规模与微信相比，也是相差甚远。但在疫情期间，钉钉不仅支持多人线上视频会议，还能提供"防疫精灵""员工健康"等功能，精准提供防疫功能。钉钉在疫情期间的突出表现，也使得众多企业采用钉钉，用户规模激增。

8.4 平 台 治 理

平台竞争过程中伴随着平台治理。平台治理包括盈利模式和价格策略的调整、平台声誉的管理、大数据的智能监控等内容。

8.4.1 平台盈利模式和价格策略

【案例 8.5】

世纪佳缘的盈利模式

世纪佳缘成立于 2003 年,以严肃的择偶平台为主要定位,连接想寻找终身伴侣、以结婚为前提的男男女女。用户可以免费注册,登录平台之后马上可以浏览众多异性的数据。该网站的巧妙之处在于,当用户点击进入某位异性的数据页,对方的重点信息——包括实际年龄、星座、血型、身高、学历、职业、居住地区,甚至月薪与购车状况等——一览无遗,不须花一毛钱。除此之外,还能阅读对方所记录的爱情观点、生活习惯、个性描述等,深入了解她(或他)的感受;而且,这些全部都是免费的,就连对方的照片也能免费观看。

世纪佳缘(还有中国的其他婚恋网站,如珍爱网、百合网等)与许多西方收费交友网站最大的不同在于,用户在浏览异性的数据与照片之前无须付费。到了 2008 年年底,世纪佳缘的注册会员激增至 1500 万,可以说平均每天都有 3 万名新会员进驻。两年后的 2010 年年底,该网站的会员数已增加了 1 倍,突破 3000 万。一层接一层的免费机制,塑造出磁铁般的吸引力,使"男性用户"与"女性用户"(择偶平台正是以此定义双边模式)像两股强大的作用力聚合在了一起。而当用户在五花八门的选择条件中找到自己心仪的对象,想要与对方联系的那一刻,就必须付费了。无论是想进行即时聊天,或单纯与对方打声招呼,或是写封充满诗意的信给对方,都必须通过付费机制才能如愿。同样,当用户收到陌生的异性寄来的电子信,想打开信件阅读,也需要付费。

世纪佳缘会员用户能够通过缴费取得"邮票",并以那些"邮票"享受各式各样的增值服务,包括使用上述的沟通渠道。因此,许多付费会员为了提高异性响应的概率,愿意在给对方的信中奉上"回邮",这样一来,对方开启自己的信件时则无须付费!还有,当用户登录世纪佳缘的会员专属页,立即呈现在眼前的正是哪些异性会员曾主动浏览过他的数据记录。这时,好奇心会驱动用户去点击对方数据,看看究竟是谁曾跑来观望自己。不知不觉间,用户已被卷入网络效应的启动机制当中。更有趣的是,当在使用世纪佳缘这一平台时,电脑屏幕的右下角会不时跳出一个小框框,提示某某异性"正在浏览您的个人资料"。这种"实时机制"往往令用户脸红心跳,萌发一股冲动想立即与对方发展下去。

世纪佳缘在 2009 年的收入为 8000 万元人民币,2010 年的收入则破亿,据估计,其当时赢利超过 3000 万元人民币。

思考:

(1) 分析世纪佳缘的收费亮点是什么。

(2) 与西方网站比,你认为初期的浏览数据,收费好,还是免费好?为什么?

平台如何实现盈利?案例 8.5 中的世纪佳缘给出了非常好的盈利模式。平台先通过免费策略,双边用户进入平台的数量就会比较多,容易激发跨边网络效应。当用户进入平台时,实际上已经进入平台精心设计的"坑"。用户的需求和好奇心逐步被激发。当需求被唤醒，渴望获得满足的冲动被推到一个临界点，平台则斩钉截铁地设置了一道门槛，必须通过付费才能破除。事实证明，多数人都逃不过这个精心策划的机制体系。

可见，确定平台盈利模式的关键在于控制会员之间的沟通渠道，即控制会员之间沟通的信息内容。如世纪佳缘，用户之间浏览信息是免费的，但是互发信息不是免费。世纪佳缘通过控制用户的沟通渠道，迫使用户交费。就好比房屋中介，带购房者免费看卖房者的房子，允许买卖双方了解房屋的概况、买家的付款方式等，但不允许双方互加联系方式，以免绕开中介进行交易。可见，如果不在恰当的点位控制平台双边用户的沟通，平台就很难获利。

但是有些平台的盈利模式是很难长久性地控制会员之间的沟通渠道。比如 eBay 易趣通过控制买卖双方的沟通渠道，防止他们线下交易，因为 eBay 易趣的盈利模式就是从每笔交易中赚取佣金。实际上这种盈利模式是很难长久的。卖家完全可以在平台上成交一次后，就知道了买家的联系方式。下次交易时，他们就完全有可能脱离平台。就好比家政平台，当保洁员上门服务时，可以和雇主加上微信，第二次上门服务就可以摆脱平台。平台是无法检测到这些行为并加以阻止。

但淘宝的盈利模式就完全不同于 eBay 易趣。eBay 易趣在限制买卖双方的自由沟通时，淘宝却反其道而行之，推出旺旺软件鼓励买卖双方在交易前充分沟通。其实淘宝的盈利模式也是控制会员之间沟通渠道的另一种方式。淘宝控制了买家流量。当卖家购买了关键词，且买家搜索这个关键词时，淘宝才把这个卖家的产品陈列在买家搜索页面的前面部分。这时候才会制造出让他们产生沟通的机会。

平台的盈利模式并非一成不变，有可能在平台发展过程，根据商业环境变化、竞争对手的策略等改变。同时改变、调整的可能还有价格策略。平台在不同的成长阶段，其价格策略是不同的。一般来说，在平台运营初期，平台制定补贴性的价格策略或免费策略，吸引用户尽快进入平台进行交易；而进入平台成熟期，则调整价格策略，一是平台看到了盈利时机已到，二是协调平台上的用户关系，提高双边用户的交易效率，同时也通过收费淘汰掉部分劣质客户。例如网约车平台，在发展初期，为了吸引双边用户尽快进入平台，平台不仅对司机进行补贴，还给乘客发送红包优惠券，而随着用户规模增大，平台开始取消这种福利，并开始对司机收取抽成，甚至开始对乘客收取一定的服务费。

价格策略的确定包括三个方面。

（1）区分付费方和被补贴方。平台往往会选择补贴某一边用户，促进其规模扩大，从而吸引另一边群体进入平台并支付费用。如淘宝上的买家就是被补贴方，不需要花期就能浏览平台上的任何产品信息，而卖方是付费方，付费买流量，让更多的买家看到自己的产品。世纪佳缘则是更聪明地采取了开放式的补贴策略——分割出拥有强烈交友需求、愿意掏腰包为自己增加择偶机会的人群，使其成为"付费方"。其他所有人，无论男女，均是"被补贴方"。一般来说，平台会将满足价格弹性反应高、成长时边际成本低、多地栖息可能性大、同边网络效应正向等条件的一方设为"被补贴方"，否则设为"付费方"。

（2）设置多元化的收费机制。如优酷视频平台，用户付费不同，等级就不一样，当然在平台上的权限也不一样。优酷上的普通 VIP 会员主要享受的特权是看无广告视频、追剧功能、部分热门剧集提供一周的独播期等。而黄金会员除享受 VIP 会员所有特权外，还可以观看所有的 VIP 视频并获取影视资源、音乐资源、少儿教育资源等。优酷会员的付费还能购买 1 个月，或者一个季度、1 年。优酷平台这种收费方式的多维设计，能大范围满足用户的个性需求，使其选择到心仪的付费方式。多元化、多维度的收费方式，能够扩大付费用户规模。

（3）实施动态定价模式。平台通过智能算法，根据平台上的供需关系变化来调整价格。比如春节到了，外卖平台上的送货员数量骤减，或者是在饭点这个时间段是用户叫外卖高峰，每个外卖订单的配送费将提高。这是因为平台会通过数据分析，根据市场需求和供应能力，以不同的价格适时销售给不同的消费者或不同的细分市场，最优化平台的利益，实现利润最大化。

8.4.2 平台的声誉

对于平台而言，由于网络的虚拟性，在双边交易中存在信息不对称的弊端。如网购平台，缺乏直接体验是其最大的劣势。买家浏览商品图片和文字时，很难判断描述是真还是假，或者是否存在夸大其词的成分。所以我们经常会听到网民对买家秀和卖家秀之间存在区别的调侃。

为了减少线上交易的信息不对称问题，平台通常会引入声誉机制，即通过买方的评价反馈形成声誉机制。声誉机制最基本的作用就是能够在一定程度上降低买家上当受骗的概率。比如在淘宝平台，买家通常已经不会完全相信卖家所提供的产品描述，而更愿意看其他用户的评价。由于一些卖家存在刷单现象，买家有时候更愿意相信做出差评的用户的评语。尽管如此，信用等级高的卖家会更受到买家的青睐。买家通常愿意选择信用等级更高的卖家，哪怕价格略高于等级低的卖家。而平台的流量也会更倾向于信用等级更高的卖家用户。如在淘宝，如果有买家给卖家差评，会直接影响近段时间的自然流量。可见，声誉机制直接影响卖家的销售情况。

对于平台而言，声誉机制的设计也为平台自身发展带来很多好处。买家的评价反馈，形成对卖家的监督。卖家会谨慎对待每一笔交易、每一个买家。平台会根据买家评价动态调整对卖家的评估。这些举措减少了平台对卖家行为的监督工作量。因此，一个设计合理的声誉机制，既能降低平台的管理成本，又能对买家负责，更好地将买家留在平台上。

【案例 8.6】

淘宝的刷单为什么如此疯狂

淘宝刷单是指淘宝店铺通过虚假交易，哄抬交易量或商家为了获得单品或店铺较好的淘宝搜索排名而采取的作弊行为，刷单的同时往往配合海淘流量刷流量和快递发空包。

2016 年的央视"3·15"晚会将电商平台背后赤裸裸的刷单产业链公之于众。作为重要的涉事平台之一，淘宝迅速发布声明呼吁各方齐力打击刷单产业链。尽管来自政府及淘宝平台的监管压力巨大，但刷单业务依旧疯狂。虽然一些刷单组织解散，但仍然有刷单群在活动，每天仍有管理员发放几百单任务。刷单程序基本是这样的，刷单手注册成功后即可抢刷单任务，并获得相应奖励。在一份淘宝店铺的刷单任务中，任务发放者将刷单手需要完成的"规定动作"简单描述为"审核、实名、三心、货比、浏览、底图、停留、宝贝收藏、宝贝分享、拍前假聊、快递签收"等代号。其中，实名即刷单手账号已支付宝实名认证，三心为刷单手账号等级需达三颗心才能接受此任务，货比即按照任务要求货比三家并给予截图证明，拍前假聊即刷单手在旺旺上假装咨询再拍下，快递签收即刷单手必须填真实地址签收商品。

淘宝营销系统平台有淘宝直通车、钻石展位、麻吉宝、淘宝客及Tanx Ad Exchange等。其中，淘宝直通车按照CPC（单次点击费用）计算，钻展栏位则按CPM（千次展现费用）计算。淘宝首页搜索"宝贝"的默认显示结果为"综合排序"搜索结果，平台综合"卖家信用、好评率、累计本期售出量、30天售出量、宝贝浏览量、收藏人气"等因素来竞排，同时，广告的价位也采用竞价排名方式，店铺和品牌的曝光机会越大，即店铺投入广告费用越多则可获得更多用户。不过，品牌展示概率也与关键词设定、店铺的商品、装饰等因素有关系。想要在淘宝平台成千上万的店铺中脱颖而出，大量广告投放获得巨大流量是最大捷径。而淘宝小商家每次刷单付出的成本在5~10元，与淘宝平台高昂的广告价位相比，刷单的投入相对较小。业内甚至一直流传着一条"刷单找死，不刷单等死"的刷单理论。

"3·15"晚会曝光刷单产业链后，淘宝平台迅速给出回应称，淘宝打击刷单一直处于高压状态，技术不断升级，但刷手通过隐蔽而庞大的刷单产业链让平台治理起来存在难度。此外，"有电商的地方就有刷单"已几乎成为行业共识。除了电商平台之外，目前新兴的专车平台、O2O项目也多次被曝刷单。在业内看来，在靠数据说话的商业市场中，刷单成为平台"欲罢不能"的解药。

思考：
（1）刷单现象为何屡禁不止？
（2）讨论刷单现象是否可以根治。

平台的声誉机制要真正发挥作用，首先必须有买家积极参与，给出真实且详细的评价。刷单现象正是因为不能给出真实评价，致使买家对信誉等级高的卖家、好评率极高的商品也抱有一丝怀疑。因此，平台需要设计一系列举措鼓励买家做出评价。如淘宝上，买家做出评价后会得到淘宝币奖励。不仅如此，平台还要给买家更多发声的机会。比如淘宝提供追评，在买家购买商品使用一段时间后，追加对商品的评价。使用之后的评价会更加真实可靠。淘宝还给买家提供购买前的"问大家"功能，买家提问，由其他购买过的买家回答。如果商品质量不够好，买家可以借此吐槽。

其次，平台必须实时监控卖家对声誉的操纵行为。比如买家给予差评时，卖家劝说买家篡改评价，或者通过返现诱使买家给出虚假好评。可以通过大数据监控刷单行为。

最后，还要注意买卖双方的利益诉求平衡。由于买家差评直接影响到卖家的自然流量，卖家的弱势地位比较明显，会出现买家借差评敲诈卖家的事件。因此，平台如何判定差评的真实性、如何维护卖家正当利益对于维护平台的健康发展非常重要。

8.4.3 大数据运用

【案例8.7】

抖音的"千人千面"机制

抖音作为短视频平台中的佼佼者,已经成为很多人喜爱的社交娱乐工具。"千人千面"是抖音平台的一种功能。"千人千面"是指在信息推送、内容展示等领域,针对不同用户个体的兴趣、偏好、行为等因素,通过算法技术实现个性化的定制化服务,使每个用户看到的信息都能够符合其个性化需求。"千人千面"是互联网行业中的一个重要理念,它强调每个用户都是独特的,具有个性化的需求和偏好。传统的信息推送往往是基于整体用户群体的平均兴趣,但这并不能满足每个用户的个性化需求。"千人千面"的概念强调,借助智能化的算法和技术手段,后台通过大数据计算,在不需要你关注账号的基础上,最终实现内容个人化阅读,让每个人看到的内容都是各不相同的,最终达到"人人不同,千人千面"的目的,从而使每个用户在信息获取、内容展示等方面都能够享有独特、个性化的体验。

实现"千人千面"的算法逻辑,一方面是给用户贴"标签"。先是进行用户画像建模,即系统需要根据用户个人资料、使用的关键词、浏览比较多的类目视频、点赞和评论数据,以及其通讯录的圈子关系等内容,建立用户画像。其次,抖音会有一套推荐算法,基于用户画像,为每个用户生成个性化的推荐列表。由于用户的兴趣和需求是动态变化的,因此"千人千面"系统会动态调整用户画像和推荐列表,确保系统对用户的变化能够做出及时响应。另一方面,给不同内容贴上标签,根据账号发布的内容,会贴上相应的标签。同时,抖音还会根据每个视频的重播率、点赞率、互动率等判断其优秀程度,划入不同的流量池,从而将大家喜欢的视频推送给更多的用户。

因此,抖音的"千人千面"功能可以让人们更好地了解自己的兴趣和喜好,并且可以发现新的有趣的内容。这也是人们喜欢抖音的原因之一。

思考:

(1)访问抖音,看看抖音都给你推送什么类型的视频。如果是首次登录,想一想抖音是凭什么给你推送这些视频。

(2)分析互联网下的精准营销和传统精准营销的区别。

麦肯锡全球研究所给"大数据"下的定义是:一种规模大到在获取、存储、管理、分析方面大大超出了传统数据库软件工具能力范围的数据集合,具有海量的数据规模、快速的数据流转、多样的数据类型和价值密度低四大特征。大数据技术的战略意义不在于掌握庞大的数据信息,而在于对这些数据的处理。大数据给平台治理带来诸多便利。

课外案例8.2
菜鸟网络诉
拼多多不正
当竞争案

如案例8.7,平台利用大数据和算法,对用户进行精准画像,给用户推送其感兴趣的内容。这使得平台内容非但不会引起用户反感,反而能增加其兴趣,增强对平台的黏性。不仅如此,平台还能对双边用户进行更好的供需匹配,促成交易的达成。这在传统营销中是无法实现的。传统营销细分不同的人群,却不能精准到个人。

因此对于平台而言,多年经营而累积的数据资源是其重要资产。例如,阿里巴巴一直将数据作为自己的核心资产与能力之一，通过多年的实践探索建设数据应用，支撑业务发展。在不断升级和重构的过程中，阿里巴巴经历了从分散的数据分析到平台化能力整合，再到全局数据智能化的时代。

大数据在平台治理的运用还有很多方面。如阿里巴巴应对买家恶意差评现象，是通过"消费者诚信数据模型"对买家行为进行区分。基于买家交易评价等数据的分析，一旦发现是职业差评师便对其进行永久封号。曾经有个买家在淘宝买了 22 单水果后发现账号被永久停封，后在记者陪同下联系到了阿里巴巴工作人员。工作人员说该买家一开始购买了一箱苹果，里面有坏果，拍了照片后商家赔了 60% 的钱款，但接下来几天该买家又下了六七单苹果，用同样的坏水果照片向三家商家申请了退款。阿里巴巴后台的智能图片识别系统发现了该买家的这个行为，对其进行了一次警告，但该买家依然我行我素，因此只能按照规则进行封号处理。可见，大数据分析为平台的声誉体制的实施提供了高效的管理手段。因此，大数据运用是平台治理的重要手段。

【本章小结】

本章主要介绍了平台发展过程中所遇到的问题。平台竞争的结果往往会产生"赢家通吃"的结果。但平台如果已经取得"赢家通吃"地位，仍然有可能在商业模式变迁过程中失去这种优势。包络是平台竞争过程常见的手段，也是平台扩大市场边界的主要手段。平台成长过程中还要注意自身的延展性，以及平台治理问题。

第 8 章
课后习题

参 考 文 献

[1] 陈威如,余卓轩. 平台战略:正在席卷全球的商业模式革命[M]. 北京:中信出版社,2013.

[2] 克里斯·安德森. 长尾理论[M]. 北京:中信出版社,2006.

[3] 姜尚荣,乔晗,张思,等. 价值共创研究前沿:生态系统和商业模式创新[J]. 管理评论,2020,32(2):3-17.

[4] 刘润. 互联网+战略版:传统企业,互联网在踢门[M]. 北京:中国华侨出版社,2015.

[5] 杰奥夫雷 G. 帕克,马歇尔 W. 范·埃尔斯泰恩,桑基特·保罗·邱达利. 平台革命:改变世界的商业模式[M]. 志鹏,译. 北京:机械工业出版社,2017.

[6] 王健平. 大力出奇迹:张一鸣的创业心路与算法思维[M]. 广州:广东经济出版社,2023.

[7] 王勇,戎珂. 平台治理革命[M]. 北京:中信出版集团,2018.

[8] 王永贵,汪淋淋. 传统企业数字化转型战略的类型识别与转型模式选择研究[J]. 管理评论,2021,33(11):84-93.

[9] 吴晓波. 腾讯传1998—2016[M]. 杭州:浙江大学出版社,2017.

[10] 肖红军,阳镇. 可持续性商业模式创新:研究回顾与展望[J]. 外国经济与管理,2020,42(9):3-18.

[11] 亚历克斯·莫塞德,尼古拉斯 L. 约翰逊. 平台垄断[M]. 杨菲,译. 北京:机械工业出版社,2018.

[12] 张昕蔚. 数字经济条件下的创新模式演化研究[J]. 经济学家,2019(7):32-39.

[13] 赵大伟. 互联网思维"独孤九剑"[M]. 北京:机械工业出版社,2014.

[14] EISENMANN T R, PARKER G, ALSTYNE M V. Platform envelopment[J]. Social science electronic publishing,2011,32(12):1270-1285.

[15] GAWER A. Bridging differing perspectives on technological platforms:toward an integrative framework[J]. Research policy,2014(43):1239-1249.

[16] GAWER A. Digital platforms' boundaries:the interplay of firm scope, platform sides, and digital interfaces[J]. Long range planning,2021,54(5):102045.